農業は夢・チャレンジのフロンティア

日本農業を創造する新世代農業経営者の挑戦

門間敏幸 著

農林統計協会

まえがき

現在、日本農業の担い手は高齢化によるリタイアが急速に進み、将来におけるわが国の食料生産・供給の危機が懸念されています。筆者の予測では、今後20年の間に農家数は激減し、水田作の主たる担い手は現在の水田作農家の1割くらいにまで減少することを示しています。この結果から、「現在の1割の担い手で本当に日本の食料は大丈夫か？」という不安が生まれ、その答えを求めて機会あるごとに意欲的な取り組みをしている農業経営者を訪問し、彼らの挑戦から、日本の食料・農業の未来を考えてきました。まだ確信は得ていませんが、「これまでとは異なる考え方・経営方法で新たな農業経営に挑戦している新世代の経営者のチャレンジには大きな期待が持てる。日本の農業は大丈夫だ!!」という思いが強くなってきています。

これまで、訪問した農業経営者の中には、私の常識を超えるチャレンジをしている方がたくさんいて、大きな感動や驚きを覚えました。こうした感動や驚きをぜひ多くの方々に知ってもらいたいと考えるようになりました。しかし、私は小説家でも優秀なノンフィクションライターでもありませんので、彼らの取り組みをどれだけ感動的に伝えられるか全く自信がありませんでした。そのため、農業経営研究者として40年以上の経験の中から、学術的な視点を踏み外すことなく、かつ経営者の方々のチャレンジを生き生きと伝えようと決心してあらためて調査いたしました。

調査対象に選ばせていただいたのは、9名の農業経営者の方々です。当初は、これからの農業の担い手という点で若手経営者すなわち次世代経営者を取り上げる予定でしたが、必ずしも私が感動を受けた経営者はこうした概念に当てはまらない経営者でした。そのため、本書では、これまで中心だった世代とは異なる考え方、行動様式を持っている経営者という意味で「新世代農業経営者」という用語を用いることにしました。新世代農業経営者に対する調査は、彼らの経営理念、リーダーシップ、経営継承の仕方、経営管理手法、技術革新へのチャレンジ、従業員育成、地域でのリーダーシップ、人的ネットワーク形成等様々な場面にわたりました。調査を行った新世代農業経営者の皆様の経営部門は、水稲、野菜、果樹、6次産業等多様であり、経営形態も家族経営、法人経営があり、親からの経営継承、新規就農等、実に多様でした。しかし、調査を進めていくうちに、彼らの経営行動には次のような共通した特徴があることに気が付きました。

①親との葛藤はあるが、自分の道を歩むため早い時期に経営継承もしくは独立している。

②なぜ、経営者になるのか、経営者になってしたいこと（目的）が明確である。

③既存の価値観にとらわれず、独自の価値観を創造している。

④生産・加工・販売を自ら行い高度な経営センスを身に付けている。

⑤データ農業を目指し、先端技術によるイノベーションを積極的に導入している。

⑥外に向けて経営の取り組みを発信し、多様な人々とのネットワークを構築している。

これらの新世代農業経営者はまだまだ点的な存在にすぎませんが、日本の食料生産、地域の農地や環境の保全、持続可能な地域農業の創造、新たな人材の育成、外に開かれた農村コミュニティ形成等の担い手として、異分野と連携した多様な活躍が期待できます。

また、彼らの調査から、これらの日本農業の担い手は、自由な発想で食と農そして経営・地域を考え、自分を活かし、従業員を活かし、技術革新の担い手として、また地域や環境を守りながら、消費者の「ありがとう！　おいしかったよ！」の一言に生きがいを感じて行動する新たな経営者と位置付けることができるでしょう。

読者の皆様のために、本書で取り上げた9名の新世代農業経営者のチャレンジもしくは読み取ってほしいことを一言で以下に要約させていただきます。

第1章　9名の新世代農業経営者の経営行動の特徴について要約しています。ここから読んでいただくと、各経営者の取り組みが全体の中でよく理解できると思います。

第2章　（株）アグリーンハート　佐藤拓郎さん（38歳）
大規模機械化稲作と不作付け地での自然農法をスマート農業技術を活用して実践。

第3章　（有）サンファーム　吉田　聡さん（53歳）
86種類の特徴のあるリンゴ、サクランボやブルーベリーの観光農園を展開し、パティシエや消費者の多様なニーズを開拓。

第4章　（有）たけもと農場　竹本彰吾さん（37歳）
偉大な祖父・父の篤農のDNAを受け継ぐ若手経営者。イタリア米の生産で水稲の新機軸を開拓。

第5章　（株）ねぎびとカンパニー　清水　寅《つよし》さん（40歳）
民間企業7社の青年社長から30歳で新規就農。太くて甘いネギの開発に成功し、14haのネギ専門経営を展開。農業界のスーパースターを目指す。

第6章　（株）ぶどうの木　本《もと》　昌康さん（68歳）
26歳で経営継承してぶどうの直売で成功、その後次々と多様な食ビジネスを展開し、

150人の社員で25億円の売り上げを誇る総合食農企業を形成。

第7章　(有)安井ファーム　安井善成さん(49歳)

32歳で経営継承し、ブロッコリー71haの大規模経営を実現。独自の人材育成法で結束力抜群のチーム安井を牽引。

第8章　(株)馬場園芸　馬場　淳《まこと》さん(31歳)

28歳で経営継承し、寒冷地の特性を活かした冬季出荷できるホワイトアスパラガスの栽培技術を工夫し、たばこ農家とのWin-Win関係を構築して地域農業の活性化を目指す。

第9章　(株)黒沢ファーム　黒澤信彦さん(56歳)

32歳で経営継承し、良食味米の生産に挑戦。米の食味分析鑑定コンクールで連続上位入賞を果たし黒澤ブランドを確立。米の輸出でもリーダーシップを発揮。

第10章　本田農園　本田雅弘さん(43歳)

25歳で新規就農し、ハウス栽培でトマト、キュウリ、イチゴの生産を展開。63棟(3080坪)のハウスを管理、高い品質の園芸経営を確立し、地域農業をリードする。

最後に本書は、筆者が初めて執筆する啓蒙書であり、専門書との執筆方法の違いに大きな戸惑いを感じましたが、素晴らしい新世代農業経営者の皆様の取り組みを早く多くの方々に伝えたいという思いが、執筆を後押ししてくれました。執筆を終えた段階で、私が伝えられたのは新世代農業経営者の皆様の熱い思いとチャレンジのほんの一面であり、まだまだ伝えなければならないことが数多く残っていることにあらためて気づきました。この残された点については、私の今後の課題として機会を見て発信していきたいと考えています。

本書は、多くの農家の皆様、新規就農を目指す方々、農学部や農業高校、農業大学校で学ぶ学生の皆様、さらには普及指導員の方々にも読んでいただき、農業、農業経営にチャレンジすることの素晴らしさを実感するとともに、実際に農業にチャレンジしていただければ、執筆者としてこれに勝る幸せはございません。

なお、各章の末尾には、コラムとして、経営者としてのリーダーシップの考え方、その習得方法、経営理念や経営目的・目標の設定について14項目の情報を、筆者のこれまでの研究に基づいて短くかつ分かりやすく整理させていただきました。参考にしていただければ幸いです。

最後になりましたが、お忙しい時間を割いていただき、しつこいインタビューに嫌な顔一つせず対応していただいた9名の新世代農業経営者の皆様、粗稿を読んで厳しいコメントをいただくとともに、根気のいる校正を手伝ってくれた妻、そして本書の内容の構成の仕方について的確なアドバイスをいただいた農林統計協会の山本博氏に心から感謝の意を表したいと思います。本当にありがとうございました。

2020年7月16日

門間敏幸

目次

第1章　新世代農業経営者の人物像と行動原理を知る

登場する経営者一覧

企業名	経営者名
(株)アグリーンハート	佐藤拓郎
(有)サンファーム	吉田　聡
(有)たけもと農場	竹本彰吾
(株)ねぎびとカンパニー	清水　寅《つよし》
(株)ぶどうの木	本《もと》　昌康
(有)安井ファーム	安井善成
(株)馬場園芸	馬場　淳《まこと》
(株)黒澤ファーム	黒澤信彦
本田農園	本田雅弘

本章では９人の経営者の取り組みを横断的に紹介し、第２章以降の理解をしやすくしている。また、筆者の個人的な狙いとしては、新世代農業経営者の行動に関わる理論的な枠組みのフレーム開発も意図している。そのため、彼らの経営行動に共通する原理を、①豊かな発想で新機軸を求める、②若い時期に経営者となる、③明確な目的・目標を掲げる、④技術へのこだわり、⑤目的・目標実現のために努力を継続する力、⑥自己啓発(ビジネスマインドづくり)、⑦経営理念をつくる、⑧トップマネジメントの役割、⑨自己の経営発展と地域の発展を一体で考える、⑩データ重視、といった10のポイントに整理して説明する。

1. はじめに

日本農業の担い手の高齢化・喪失が叫ばれ、日本農業の危機が懸念されている。筆者もこれまで日本農業の担い手の予測に関する研究を行い、今後20年の間に農家数は激減し、水田作の主たる担い手は現在の水田作農家の1割くらいにまで減少すると予測した。そうした中で、「現在の1割の担い手で本当に日本の食料は大丈夫か」という問題意識が生まれ、その答えを求めて機会あるごとに全国の担い手農家を訪問し、彼らの挑戦から日本の食料・農業、農業経営、技術開発の未来を探ってきた。残念ながら、まだ確固とした確信は得ていないが、おぼろげではあるが「新世代の農業経営者のチャレンジには大きな期待が持てる。日本の農業と農業経営は大丈夫だ！」という思いが強くなってきている。

本書は、最近筆者が出会った農家の中で、その経営実践の取り組み、価値観、経営理念、人間性に筆者自身が感動するとともに、今後の日本農業の方向性を考える上で非常に参考になった経営者9人の取り組みを紹介している。第2章以降は、各経営者の経営実践の取り組みと経営者特性を紹介する各論となる。それに先立ち、本章では第2章以降の理解を容易にするため、9人の新世代農業経営者（後述する）の経営実践の概要を整理するとともに、彼らの経営行動に共通する原理を、①豊かな発想で新機軸を求める、②若い時期に経営者となる、③明確な目的・目標を掲げる、④技術へのこだわり、⑤目的・目標実現のために努力を継続する力、⑥自己啓発（ビジネスマインドづくり）、⑦経営理念をつくる、⑧トップマネジメントの役割、⑨自己の経営発展と地域の発展を一体で考える、⑩データ重視、といった10のポイントに整理して説明する。

また、筆者が特に感動した（筆者にはとてもそのような経営行動の実践は真似できないと脱帽した）新世代農業経営者9人のユニークなチャレンジについて紹介する（表1-1）。

2. 新世代農業経営者9人の主な取り組み

ここで使用している「新世代農業経営者」という耳慣れない用語についてまず説明しておきたい。類似した言葉に「次世代」「新人類」などがあるが、どう違うのであろうか？ 次世代については、一般的には現世代の次の世代を指す言葉として用いられているが、現世代を厳密に定義することは難しい。また、世代とは「生年・成長時期がほぼ同じで、考え方や生活様式の共通した人々（広辞苑）」と理解できる。また、新人類は、「従来なかった新しい感性や価値観をもった若い世代を異人種のようにいう語（広辞苑）」と説明される。

世代に関わる言葉をこのように見ていくと、本書で取り上げる新しい農業・農業経営にチャレンジしている経営者は、年齢に関わりなく経営の第一線で活躍している世代であり、現世代の後継世代を意味する次世代と呼ぶことは妥当ではないであろう。経営に対する感性や価値観では新人類に近いが、新人類は若者を呼ぶ用語であること、すでに死語に近い言葉となっており、使用するのは適切でない。

そのため、本書では、これまで中心だった世代とは異なる考え方、行動様式を持っている経営者という意味で「新世代農業経営者（以下、新世代経営者と呼ぶ）」という用語を用いることにする。

表１－１　新世代経営者９人の代表経営者になった年齢と経営概況

企業名	経営者名	代表経営者になった年齢	経営概況
(株)アグリーンハート	佐藤拓郎	36	青森県黒石市の大規模水田作農家。大規模機械化稲作と不作付地での自然農法を併せて57ha で実践、８人の従業員を雇用し2019年の売り上げ12,700万円を実現
(有)サンファーム	吉田　聡	43	岩手県盛岡市・紫波町で6.8ha の果樹経営を展開。クッキングアップルの生産、サクランボやブルーベリーの観光農園を展開。パート中心の従業員は14名、2018年の売上高は7,800万円。
(有)たけもと農場	竹本彰吾	33	石川県能美市の10代続く農家の後継者。33歳で経営継承し、現在は47ha の経営規模で有機栽培米、特別栽培米、イタリア米などを生産。家族以外の正社員４名で、2019年の売上高は7,700万円。
(株)ねぎびとカンパニー	清水　寅	34	民間企業７社の青年社長から30歳で山形県天童市で新規就農。太くて甘いネギの開発に成功し、14ha のネギ専門経営を展開。40人前後の雇用労働（うち14人が正社員）を使い、2019年に２億円の売り上げを実現。
(株)ぶどうの木	本　昌康	26	石川県金沢市のぶどう農家の後継者。26歳で経営継承してぶどうの直売で成功し、その後次々と多様なビジネスを展開して成功を収める。40を超える事業部門（アメーバー組織）を持ち、150人の社員で2018年に25億円の売り上げを実現。
(有)安井ファーム	安井善成	32	石川県白山市の水田作農家の後継者。32歳で経営継承しブロッコリー71ha、水稲41ha、大豆15ha の経営を実現。９人の社員で2019年の売上高は３億円を突破。
(株)馬場園芸	馬場　淳	28	岩手県浄法寺町の水稲・花き農家の後継者。28歳で経営継承し、アスパラガスの生産に取り組む。冬季出荷できるホワイトアスパラガスの栽培技術を開発し、直売に挑戦。野菜＋水稲苗生産で2019年に4,500万円前後の売り上げを実現。正社員１名、パート２名を雇用。
(株)黒澤ファーム	黒澤信彦	32	山形県南陽市で水田作経営を展開。32歳で経営継承し良食味米の生産に挑戦。自作地での水稲生産18ha（86トン、うち25トンを輸出）、地域からの米仕入・販売（260トン）、従業員（年間雇用）３人。
本田農園	本田雅弘	25	石川県小松市の新規就農者。25歳で新規就農し、ハウス栽培でトマト、キュウリ、イチゴの生産を展開。ハウスの棟数63棟、坪数3,080坪。2019年の売上高は7,500万円、正社員４名の経営を実現。

3. 新世代農業経営者の行動原理10の特徴

本節では、筆者が調査した9人の新世代経営者の行動原理の10の特徴についてまとめる。なお、その詳細については、第2章以下の新世代経営者のチャレンジ事例を参考にしてほしい。

その1　豊かな発想で新機軸を求める

新世代経営者の多くに共通するのが、豊かな発想で従来とは異なる工夫や方法、すなわち新機軸を求める経営行動の実践である。例えば、第2章の株式会社アグリーンハートの佐藤さんの場合、大規模水田作経営と自然農法をスマート農業技術で連結するといった行動を展開している。また、第3章のサンファームの吉田さんの場合、誰にもまねできないニッチなビジネスモデルとして70種類のユニークな特徴を持った加工リンゴを生産し、パティシエ、パティスリーの新たなニーズを開拓している。第4章のたけもと農場の竹本さんもイタリアンレストランのシェフの「国産のイタリア米があればいいな」というつぶやきにヒントを得て国産イタリア米の生産を実現した。

第5章のねぎびとカンパニーの清水さんの場合、「新規就農で3年以内に日本一になる」という目標がネギという作物に結びつき、ネギのブランドを作ろうという思いが「太くて甘いネギ」の生産に結びついた。現在、幅広いビジネスを展開している第6章のぶどうの木の本さんの原点には、「お客様に喜んで買ってもらえるぶどうを作りたい」という思いがある。

こうした豊かな発想で新機軸を生み出す経営行動の背景には、ひとによって異なるが、異業種での仕事経験、新たな技術や望ましい経営の徹底的な追求によるひらめき、大きな挫折経験、自主的な自己啓発等、経営者としての経験や努力が大きく働いている。

その２　若い時期に経営者となる

ここで取り上げた新世代経営者の多くは、比較的若い時に親から経営権を譲られるか、もしくは新規就農している。この背景には、その１に示したように親世代とは異なる発想で新機軸を見出し、親とぶつかりながら経営継承を実現しているという親との葛藤の歴史がある。親からの経営継承のタイプは大きく次の二つに分類できる。

第１は、家族経営の中で親元で働いていたが、新たな経営展開を目指し、親とは異なる事業部門を立ち上げて独立していくケースである（事業分割）。なお、表１-２の馬場園芸の馬場さんのように、法人立ち上げ時に自らが代表取締役となったが、親とは明確に事業分担をしている場合もこのケースに含まれる。第２は、親から経営全体を継承されるケースである。また、ここで事例として取り上げた経営体における世代交代は極めて早いことがわかる。新規就農を含めると、20代での世代交代が３人、30代が５人、40代１人である（表１-２）。早い世代交代の場合、親との葛藤はかなりあるが、いずれも息子の意欲と実力を認めた親が、息子にバトンタッチし、その後は経営に口出しせず息子の自由な経営展開を支援している。なお、佐藤さんや馬場さんの場合は、親と事業分割し、それぞれ異なる経営を実践している。この世代交代年齢からわかるように、本書で取り上げた新世代経営者の場合、年齢が若くして経営継承を行い父が築いた土台の上に独自の経営を展開している。父の築いた信頼と経営のベースが新たな経営の出発点になり、その後の経営展開を支えていることがわかる。親から経営全体を継承される場合は、親のリタイアに伴う経営継承となるが、こ

表1－2　代表経営者になった年齢と経営継承のタイプ

企業名	経営者名	代表経営者になった年齢	経営継承のタイプ
(株)アグリーンハート	佐藤拓郎	36	事業分割
(有)サンファーム	吉田　聡	43	専務取締役（婿入り）
(有)たけもと農場	竹本彰吾	33	計画的経営継承
(株)ねぎびとカンパニー	清水　寅	34	新規就農
(株)ぶどうの木	本　昌康	26	経営継承
(有)安井ファーム	安井善成	32	経営継承
(株)馬場園芸	馬場　淳	28	事業分割
(株)黒澤ファーム	黒澤信彦	32	経営継承
本田農園	本田雅弘	25	新規就農

のケースの場合でも息子が若く様々なチャレンジに意欲をもっている時期での継承が望ましい。竹本さんの場合は、父が専門家のアドバイスを受けて息子が就農してから経営継承までの期間を10年と定め、その間に経営者としてふさわしい能力を修得するために、計画的なキャリア形成を行っている。

こうした取り組みは後継者が目的をもって経営に関わる、自己の能力開発を行うという点で極めて有効である。新規就農の場合は、清水さんや本田さんのように、技術修得、経営・マーケティング、投資へのチャレンジ等、ビジネスの実践の中で、経営者としての能力を高めていっている。まさに、生きるか死ぬかの状況のなかでの経営行動の実践で技術・経営能力を高めていったと言えよう。

その3　明確な目的・目標を掲げる

ここで取り上げた9人の新世代経営者全員に

表１－３　新世代経営者の経営目的・経営目標

企業名	経営者名	経営目的	経営目標
(株)アグリーンハート	佐藤拓郎	楽しく、かっこよく、稼げる農業	「特殊技術を必要としない農業生産」「労働力の可視化＝８時間労働サラリーマン農業の実現」
(有)サンファーム	吉田　聡	お客様と交流しながらその多様なニーズと商品を一緒になって開拓し、喜んでもらえる新たな参加型農業経営	リンゴの用途拡大が自分の使命
(有)たけもと農場	竹本彰吾	人のための「恩返し農業」	自分がどうありたいかを基準に考える
(株)ねぎびとカンパニー	清水　寅	世界一小さい自社を世界一楽しい会社にする	誰も作れない“葱”を創る
(株)ぶどうの木	本　昌康	お客様の喜ぶ顔を見ることができるような経営をする	社員一人一人の個性と特徴を見抜き、能力を活かす仕事を与える
(有)安井ファーム	安井善成	農業を通じて働く人の幸せとお客様の幸せを願い、実現します	社長の目標－社員１人当たり年間1,000万円の給料が払える会社にする。そのためには2025年までに５億円の売り上げを実現する
(株) 馬場園芸	馬場　淳	「先人から受け継いだ、生命、文化、風土を未来につなぎます」「生活と農をつなぎ、人生をより豊かにします」「関わる人すべてに感謝し、共に育ち合い、社会に貢献します」	①労働生産性の高い農業の実現、 ②関わる人すべてをハッピーにする（四方良しの関係）
(株)黒澤ファーム	黒澤信彦	生きることは食べること	農業という産業を次世代につなぐとともに、消費者に農業を積極的に伝える
本田農園	本田雅弘	感謝農業の実践	借金を早く返して身軽になりたい

共通しているのが、経営実践に関わる明確な目的と、具体的なチャレンジ目標をもっていることである。目的は、最終的に実現を目指すもの、目標は目的を達成するために到達しようと目指すもの、すなわち、目的を達成するために実現しなければならない目印と考えることができる。

9人の新世代経営者が全て明確に目的や目標を意識しているわけではないが、彼らとのインタビューの中で明らかになった経営目的と経営目標は、表1-3のように整理することができる。経営目的については、多くの経営者は「お客様の幸せや喜ぶ顔を農業によって実現する」ことを挙げている。また、「楽しく、かっこよく、稼げる農業」「世界一楽しい会社にする」といった職業としての農業が目指すべき方向を目的として提起している経営者もいる。

経営目標については、「特殊技術を必要としない農業生産と8時間労働サラリーマン農業の実現」「社員1人当たり1千万円の所得実現」「社員の能力を見抜き活かす」「労働生産性の高い農業」「借金を早く返す」「リンゴの用途拡大」「だれも作れない葱を創る」「農業界のスーパースターになる」というように、現代の篤農、農業界のヒーローを意識している経営者もいる。また、農業の次世代への継承、ステークホルダーと呼ぶことができる関係者を幸せにできる農業の実現を目指している経営者もおり多様性がある。

このように新世代経営者の多くは意識的に設定するか、そうでないかの違いはあるが、経営目的・目標設定の重要性を認識している。また、設定する目的・目標がいずれも高いことがわかる。昭和の農聖と呼ばれた熊本の農業研究者松田喜一（1889-1968）は、「事業は高く生活は低く」「人並なら人並、人並み外れにゃ外れね」という言葉で高い目的・目標の大切さを訴えている。

その４　技術へのこだわり

農業経営者にとって他の人が真似できない高い技術を持つことは経営者として成功する必須に近い条件である。農業経営者にとってこのような技術とは、科学の新しい知識を自然や生物を活用する経営活動に生かす知恵・ノウハウ・技能といえよう。また、「熱心で、研究心に富んだ農業家（広辞苑）」を篤農と呼べば、彼らはすべて現代の篤農と呼べる。しかし、９人の新世代経営者の篤農としての特性は、二つのタイプに分類することができる、佐藤さん、安井さん、本田さんは、どちらかというと従業員が誰でも実施できて高品質な生産物を安定的に生産できる標準技術の確立を目指している。一方、竹本さん、清水さん、馬場さん、黒澤さんは、徹底的に食味にこだわったオンリーワンの農産物生産を目指している。吉田さん、本さんは、どちらかというとブドウ、リンゴといった特定農産物がもっている様々な特性の新たな開拓をめざしているといえよう。このように現代の篤農とよぶべき９人の新世代経営者は、様々な目的をもって高い技術の修得・開発に熱心に取り組んでいる職人であることが分かる（表１-４）。

また、現代の農業技術は、社会と市場、特定の農産物を求める人々と経営者との間で磨かれる極めて社会的な存在であるといえよう。

その５　目的・目標実現のために努力を継続する力

「アイデアを発想できる人が１００人いたとしても、それを実践できる人は10人、さらに実践を持続できる人は１人しかいない」という言葉をある社長から聞いたことがある。アイデアを目的・目標におきかえても全く同様なことがいえるであろう。９人の新世代経営者はいずれも目的・目標

表1－4　技術へのこだわり

企業名	経営者名	こだわり技術
(株)アグリーンハート	佐藤拓郎	スマート農業、自然農法
(有)サンファーム	吉田　聡	サクランボ垣根栽培、加工リンゴの多品種生産
(有)たけもと農場	竹本彰吾	徹底した土づくり、イタリア米生産
(株)ねぎびとカンパニー	清水　寅	太くて（２Ｌサイズ）糖度が高いネギの生産技術
(株)ぶどうの木	本　昌康	ぶどうの多品種栽培と加工
(有)安井ファーム	安井善成	３作型でブロッコリーの周年栽培
(株)馬場園芸	馬場　淳	寒冷地での冬どりホワイトアスパラガスの生産
(株)黒澤ファーム	黒澤信彦	食味コンクール連続上位入賞の良食味米の生産
本田農園	本田雅弘	モミガラ養液栽培による良食味トマトの生産

を実現するため、たゆまぬ努力を継続している人たちである。例えば、新規就農してネギのブランド構築に成功した清水さんは、若干25歳で7社の社長を務めたが、社長時代の労働哲学は人の3倍働くであり、「清水の30年継続理論」で様々な経営改善に成功している。１５０人の正社員と40近いアメーバ組織で食農ビジネスを展開する（株）ぶどうの木の本さんの場合、40のアメーバから上がってくる毎日の日報に目を通してコメントを書き、社内報「一歩前へ新聞」を毎日発行している。毎日3時間くらいかけてコメントを書くという努力を継続している。黒沢ファームの黒沢さんの場合、どのようなコメが消費者に受け入れられるかを探るため、東京で５００人の消

費者調査を自ら行って良食味米の将来性を確認するとともに、自らが生産した米の品質を客観的に確認するため、食味鑑定コンクールに毎年出品し上位入賞を実現し、米の「黒沢ブランド」を確立していった。

目的・目標実現のために努力を継続する力は、決して生まれつき備わったものではなく、自らが意識して作り出すものである。そのための第1の条件は、高い実現欲求をもった目的・目標を作り上げる事であり、経営者としての強い使命感や、個人として実現を望む高い欲求が必要となる。第2は努力の継続が確実に目的・目標の実現に近づいているという実感を持てることが必要である。

その6　自己啓発（ビジネスマインドづくり）

経営者にとって自らのビジネスマインドを高めるための努力も必要である。複数企業の社長であった清水さん、大企業の社員であった安井さん、吉田さんを除けば、その他の新世代経営者は、ビジネスマインドを企業の中で教え込まれたことはなかった。そのため、意識してビジネスマインドを修得するための機会を多くの経営者は自ら求めていった。例えば、竹本さん、馬場さんは、地域の中小企業家同友会に参加して、経営者としてのビジネスマインドを修得した。また、吉田さん、馬場さん、竹本さんは、農業経営者のための地域のビジネススクールにも参加している。

ぶどうの木の本さんの場合は、京セラの稲盛会長が主催する盛和塾に入会し、経営者としてのフィロソフィ、企業組織としてのアメーバ組織の重要性に関する指導を受け、自らの経営に取り入れて経営発展を実現した。

さらに、竹本さん、本田さんは、（株）トヨタのカイゼン手法、（株）コマツの経営改善手法を導入して自らの経営改善に役立てている。

家族経営の後継などで他産業での従事経験がない農業経営者にとって、ビジネスマインドを修得するためには、地域で開催されている農業ビジネス塾、中小企業家同友会などに参加して積極的にそのノウハウを学ぶとともに、産学連携ネットワークなどに参加して研究機関や企業から最新技術を学ぶことも重要である。また、こうした学ぶ機会に参加することは、知識やノウハウの習得以上に人的なネットワークの拡大に有効であり、様々なチャンスを獲得する機会ともなるであろう。

その7　経営理念をつくる

従業員を雇用して持続的な経営を構築する上で重要なのが、経営理念と企業ミッションの構築である。経営者が掲げる経営理念は、社員としての行動の方向や判断の拠り所、さらには社員としてのプライドの持ち方など、社会性を持った企業としてのあるべき姿を示すものである。経営理念は創業時につくられる場合もあるが、多くは企業の成長に伴って経営者の価値観や企業としての方向性を明示するためにつくられる場合が多い。農業経営においても従業員の雇用が一般化している現在、経営理念や企業ミッションをつくる経営体が次第に増加している。

ここでは、8人の新世代経営者が掲げる経営理念とミッションを整理してみた（表1-5）。この表から多くの経営者が農産物という商品を生産してお客様に届けることへの思いを経営理念としていることがわかる。ミッションについては、佐藤さん、吉田さん、黒澤さんは、農業の持つ様々な機能を発揮して社会や地域に貢献することを挙げている。竹本さんは、消費者が求める農産物の生産・提供に徹底的にこだわることを、清水さんは農業が産業として子供や青年の憧れの職業となる

表1－5　経営理念とミッション

企業名	経営者名	経営理念	ミッション
(株)アグリーンハート	佐藤拓郎	笑顔農業　感謝農業	土づくり、人づくり、笑顔づくり
(有)サンファーム	吉田　聡	我々の生産物はお客様からの大切な預かりモノと考え心を込めて栽培している	お客様との交流を通じて果実の魅力を伝え、食べる喜び、癒しを提供したい
(有)たけもと農場	竹本彰吾	生き物である稲が育つことを見守り、見届ける喜び	消費者の要望や不安を積極的に取り除くような経営をする
(株)ねぎびとカンパニー	清水　寅	農業ではだれもが認める作品（農産物）は完成しない。だから自分の作品を信じて追及を貫くことが大切	農業界のスーパースターを目指す
(株)ぶどうの木	本　昌康	全従業員の幸せのために、物心両面の豊かさを追求し社会の進歩発展に貢献する	ようこそぶどうの木へ
(有)安井ファーム	安井善成	農業を通じて働く人の幸せとお客様の幸せを願い、実現します	未来を見据えて、次世代へとつながる生産活動を行う
(株)馬場園芸	馬場　淳	農業＝幸福創造業と捉え、幸福創造価値を追求する	①「つくる」を「食べる」をもっと近くに、②トータルフードデザイン、③新しい食文化と食料供給モデル、④世界をマーケットとした農業生産モデル
(株)黒澤ファーム	黒澤信彦	生きている土づくりと息づく稲づくり	地域を良くするための核となる

ためには農業界にスーパースターが必要であるという使命感をもって経営を行っていることを、安井さんは次世代につなげる農業の構築を、馬場さんは食文化を含めた食料生産の新たな波をつくることをミッションとしている。

このように、経営者の経営理念やミッションは、経営者の思いを社員に伝えて共有するとともに、社会に向けて企業および自らの使命を発信する手段として重要であることが分かる。

その8　トップマネジメントの役割

従業員では遂行することができないトップマネジメントの役割は、①経営の目的・目標を考える、②経営理念やミッションを創造する、③経営戦略や計画を作成する、④戦略を遂行するための事業と組織を作り動かす、⑤従業員の採用・待遇を決定する、⑥重要な対外交渉を行う、⑦問題が発生した場合に責任をとる、等と整理することができる。また、従業員を雇用し、彼らの能力を最大限に発揮させて、企業の持続的成長を実現して社員の生活向上、社会の発展に貢献するように活動することも大切である。

農業法人などを調査していて、「苦労して育てた社員が途中でやめてしまう。彼らを辞めさせない方法はありますか？」という質問をよく受ける。社員の定着は、企業の持続的発展のカギを握るといっても過言ではない。社員の意欲を喚起して定着させるためには、一般的には「自分の業務を自分でコントロールしていると感じさせること」「自分の仕事の価値を信じさせること」「やりがいのある課題を与える事」「生涯教育に取り組ませること」「業績を評価すること」の重要性が指摘されている（引用文献(1)）。

しかし、企業としては零細な1次産業であり、しかも地域のコミュニティや人々と密着した関係が存在する農業の場合、以上のようなきれいごとでは済まない複雑な事情があり、経営者は様々な工夫をしながら、従業員を集め、経営を展開している。

ここでは、従業員との関係について調査した経営者の取り組みからみていこう。まず従業員の採用でユニークな方法を採用しているのは、アグリーンハートの佐藤さんと安井ファームの安井さんである。佐藤さんは、これまで会社勤めを経験したことがないため、会社をつくってもこれまで活動してきた音楽サークル活動の延長のような自主的で意見が言いやすいような組織を構築して活動を展開している。また、従業員も佐藤さんがフェイスブックなどで情報交換している仲間の中で興味を持った人に声をかけるなどしてヘッドハンティングして集めている。そのため、途中退社する人はいないという。

安井さんの場合は、「経営者としての自分の思いだけを強調すると、人はついてきません。自分が従業員であると考えた場合、仲間として大切にしてくれる会社で働きたいと思います」という信念に基づいて、いかに社員が働きやすい職場環境を作るかを重視してきた。そのため、「社員にやりたいことをさせる」ことを基本に置き、社長は我慢して社員のモチベーションを高め、自由な社風を作るために行動している。また、社長の目標として、社員一人当たり年間１０００万円の給料が払える会社にすることを表明している。さらに、社長がいつまでも最前線で仕事をしていたのでは、社長の指示待ちの社員ばかりが育ってしまうという危惧から「社長が作業服を脱ぐ宣言」をして、社員の自主自立の精神を高めている。

また、ねぎびとカンパニーの清水さんの従業員活用術は、ユニークである。清水さんは、「清水の30年継続理論」とでも呼べる経営管理上の工夫を30年継続して実施した場合の効果を数字で算出して従業員に示し、改善意欲を高める方法を採用している。例えば、2Lサイズのネギの生産が有利な理由の裏付け、丁寧な圃場管理がいかにコストと労力を削減できるか、ネギの選別の工夫の効果等について、この改善を30年継続して実施した場合の経済効果、労力節減効果を数値で具体的に示している。150人もの多くの社員を抱えるぶどうの木の本さんの場合は、事業別のアメーバ組織を形成して社員中心の自主的な経営活動と自己責任体制を採用している。さらに社長の役割として、社員の個性と特徴を見抜き、能力を活かす仕事を与えることにおき、社員の採用にあたっても素直で向上心と挑戦する心を持った人を採用することを心がけている。

まだ社員は1名と少ないが、馬場園芸の馬場さんの場合、「10年後の社員の未来像」を次のように描いている。①高収入を実現する。全国の農業生産法人の平均所得よりも10%高い所得を目指す、②終身雇用制とする、③完全週休2日制、年に1度長期休暇2週間、④残業ゼロ、⑤子育て世代が働きやすい職場・託児所をつくる、⑥目標経常利益達成で30%を全社員に還元、⑦フレックスタイム制ができる社内環境を作る、⑧退職金制度を開始する。

以上のように農業経営のトップマネジメントは、一般企業と比較して技術者、経営者、地域リーダーとして様々な能力の発揮が求められる。特に従業員の採用とその能力活用の場面では、一般企業のような人事担当者、中間管理職がいないため、トップマネジメントの方針、個性が重要である。トップマネジメントとして、社員の採用方針、キャリア形成支援の考え方を明確にすることが求められる。また、農業経営に特有の問題ともいえるが、独立を志向するか、その農企業で働き続けたいかという社員の意向を十分にくみ取り、単独で経営発展を目指すのか、暖簾分けのような分社で発展を目指すのか、あるいは能力の高い社員を育成して地域農業の担い手として独立させるかといった根本的な人材育成・活用方針を樹立することも重要である。

その９　自己の経営発展と地域の発展を一体で考える

地域の自然、コミュニティとの関連が密接な農業経営では、自己の経営発展だけを独立に考えて展開することは難しい。特に水田作を中心とした土地利用型経営では、水の共同利用、農地の基盤整備等、地域公共財ともいうべき資源の活用によって経営が営まれる。また、比較的地域からの独立性が高い施設園芸や養豚・養鶏などにおいても土地や水、さらには労働力などを地域に依存している。こうした状況の中で、経営者は時に地域やコミュニティからの制約を大きく受けて窮屈な思いをしながらも地域農業を支えることの重要性を感じてきた。こうした農村を村社会という視点で見ると、多くの人々が先祖代々にわたって集落に居住し、本家・分家関係を中心とした家の格式、水や資源利用に関わる厳格なムラ規約の存在、冠婚葬祭などの共同での実施、さらには生産・生活に関わる様々な共同関係等の強い相互依存関係が存在し、暗黙の規則やルールが形成されてきた。そのため、年長者の意見が強く反映され、若者の意見は軽視されるという風潮が生まれてきた。戦後民主主義の浸透と、都市化・混住化の中でこうした村社会は大きく変質したが、まだまだ村社会の制約を強く感じている若者もいる。

しかし、こうした地域社会に暮らしながらも新世代経営者の多くは、地域農業・地域社会の重要性を強く認識し、自己の経営発展と地域社会・地域農業の維持・存続を強く意識している。とりわけ、地域の農家から農地を借地して大規模経営を展開している水田作経営の経営者にそうした傾向が認められる。

アグリーンハートの佐藤さんの場合、自然栽培でのふるさと再生を事業の大きな柱に据えている。放置されていた水田を昔ながらの知恵と技術で土づくりして、自然栽培で美しい里山の景観を作ることを目指している。こうして保育園児の食育、新規就農者のトレーニング、中学生の職業体験、障害者の雇用などを行い、自然栽培から様々な「コトづくり」を生み出し、地域に様々な人々が集まり、働き、遊び、交流し、笑顔があふれ、自然の恵みに感謝するような仕組みを作ることを目指している。また、たけもと農場の竹本さんも、自身の農場が農業と学生や子供たちとの接点、農業とコラボしたい企業との接点、スマート農業など先端技術と農家との接点、農業と福祉との接点など、農業がもつ生産、環境保全、人間性回復、地域社会の維持等の様々な機能開発・利用に関わる様々な人々とのプラットフォームにしたいと考えている。

ホワイトアスパラガスのｗｉｎ－ｗｉｎ型産地モデルの構築を目指す馬場園芸の馬場さんは、ホワイトアスパラガスの生産に関わる土壌診断、施肥設計、栽培技術などすべての技術ノウハウを地域の葉たばこ農家に提供して、たばこの作業がない冬場の収入確保の道を用意したいと考えている。黒澤ファームの黒澤さんの心の中には、常に「地域とともに発展したい」「地域に活かされている」「地域の土・水・自然に感謝」という450年地域で農業を続けてこられたという感謝の思いがある。そのため、農地の基盤整備の役員を積極的に引き受けて推進する、地域の仲間と連携してブランド米生産に取り組むとともに、地域の環境保全組織や都会のシェフ等と連携して地域の米のブランド作りに挑戦している。

その10　データ重視

新世代経営者の多くは篤農的な気質をもつ一方で、技術をデータとしてとらえ、科学的な技術管理を行いたいという志向が強い。コンピュータの導入はもちろんであるが、スマートホンを活用したデータ通信などＩＯＴの導入にも熱心である。スマホ世代と呼ばれる世代としてデータ農業の担い手となっている。最近はスマート農業と呼ばれるロボット技術や情報通信技術（ＩＣＴ）を活用して、省力化・精密化や高品質生産を実現する農業にチャレンジする農業者も増加している。農林水産省は、農業の成長産業化を実現するために技術発展の著しいロボット・ＡＩ・ＩＯＴ等の先端技術を活用した「スマート農業」の社会実装を図るため２０１８年から全国各地で実証農家の参加を義務付けたスマート農業加速化実証プロジェクトを展開しており、スマート農業に対する生産者の注目度が一気に高まっている。

スマート農業加速化実証プロジェクトへの参加に関わりなく、全国の農家の中にはインターネットなどのネットワーク経由でユーザーにサービスを提供するクラウドサービスを利用して、経営や作業の見える化を行い、合理的な経営管理を実現しようという動きがみられる。現在は、図１-６に整理したように、農業経営管理に関わる様々なクラウドサービスが開発されており、生産者の業務ニーズに応じたサービスが受けられるようになっている。

アグリーンハートの佐藤さんは、ドローンを利用した湛水直播に取り組むとともに、「楽しく、かっこよく、稼げる農業」の実現手段としてスマート農業技術を位置づけ、「特殊技術を必要としない農業生産」「労働力の可視化＝８時間労働サラリーマン農業の実現」にチャレンジしている。たけもと農場の竹本さんも、イセキ農機・鳥取大学との可変施肥田植機開発に関するスマート農業

表1-6　クラウドを利用した農業経営管理システム

サービス名	提供会社	特徴
Akisai（秋彩）	富士通	露地栽培、施設栽培、畜産をカバー。経営・生産・販売まで企業的農業経営を支援。
栽培ナビ	Panasonic	栽培情報の「見える化」、地域の農業経営をサポートするICT管理ツール
農業ICTソリューション／アグリネット	NEC・ネポン	経営・生産・流通までトータル支援。ネポンのハウス内機器と連携。
GeoMation Farm	日立ソーリューションズ	GIS（地理情報システム）を活用した農業情報管理システム
KSAS	クボタ	クラウドサービスとクボタの農機とを組合せたサービス
豊作計画	トヨタ	圃場を集約管理、複数の作業者が効率的に作業できる工程を自動作成
アグリノート	ウォーターセル	Googleマップ・航空写真を利用した農業日誌・圃場管理ツール
フェースファーム	ソリマチ	作業記録・生育記録をマップで確認しながらその場で入力、自動集計。日本GAP協会推奨。
e-kakashi	PSソリューションズ	圃場に設置したセンサーデータを集約・可視化する
みどりクラウド	セラク	低価格で導入できる圃場モニタリングシステム
Agrion	TrexEdge	作業記録、販売管理を中心としたクラウド型農業支援アプリ
畑らく日記	イーエスケイ	無料で利用できるスマホの農作業記録アプリ
freee（フリー）	freee	農業の確定申告に対応したクラウド会計サービス

出所：やまむファームHPより筆者作成、https://ymmfarm.com/3311

プロジェクトに参加するとともに、トヨタの豊作計画を導入してカイゼンネットワークに参加し、データに基づく経営管理の実践にチャレンジしている。安井ファームの安井さんは、経営・組織管理のイノベーションを実現するための手段としてGLOBALG.A.P.による事業・組織・商品管理に取り組むとともに、トヨタで学んだ小集団活動（ＱＣ活動）を積極的に取り入れた経営改善を実践している。本田農園の本田さんは、２０１３年に東京大学先端科学技術センター共同開発創出支援事業におけるスマートアグリシステム栽培の指導という形でプロジェクトに参加するとともに、「こまつ・アグリウェイプロジェクト」に参加し、２０１６年からトマト栽培でのＩＣＴ導入にチャレンジしている。

4．新世代農業経営者9人のユニークなチャレンジに感動

ここでは、筆者が感動した9人の新世代農業経営者のユニークなチャレンジを紹介する。若干前節と重なる部分があることをご了解いただきたい。

その1　スマート農業で自然農法に挑戦、音楽が発想力の源（アグリーンハート・佐藤さん）

佐藤さんのチャレンジで非常に興味深いのは、低コスト大量生産型営農モデルと、生産に対する考え方と技術体系が全く異なる自然農法に同時にチャレンジしている点にある。中山間地で休耕地になっていた水田7・5ha、畑1・5haを借り受け、農薬、肥料、堆肥を使わない自然栽培で水稲、野菜を生産している。また、自然栽培を実施している水田のうち60ａは、「奇跡のりんご」で大き

な注目を集めた木村秋則氏の自然農法を学ぶ実践圃場となり、２０１７年にGLOBALG.A.P.の取得農場となっている。自然栽培圃場９haは、すべて有機ＪＡＳ認証を取得している。自然農法に取り組んだきっかけは、母親にがんが見つかり、それから食の安全性について考えるようになったという。また、この圃場ではドローンの会社と連携してドローンによる湛水直播、雑草防除などのスマート農業にも取り組んでいる。自然農法はスマート農業によって新たな可能性が開拓できると信じチャレンジを続けている。

また、佐藤さんは高校時代からシンガーソングライターとして活躍してきた。ライブ活動を成功に導くため、お客様のニーズを正確に把握し、演奏曲の組み立てを行い、入場者数を予測して入場料金を決める。こうした活動が佐藤さんのコスト意識とマーケティング力の源泉となっている。さらに、佐藤さんの経営理念、信念、思いを伝えるユニークな言葉を生み出す力は、作詞活動によって磨かれてきた。一言一言の言葉に様々な思いを込めるのが作詞活動である。こうした経験が生み出した農業への佐藤さんの思いが、「笑顔農業　感謝農業」、社名である「アグリーンハート」、「会社ではなくチーム、社員一人一人が地域のプレーヤー」「楽しく、かっこよく、稼げる農業」「法人は地域に浮かぶ船、経営者は船長」「地球にいながら月を耕す」「土づくり、人づくり、笑顔づくり」「ファーストコールカンパニー」といったユニークな言葉に凝集されている。

その２　よそ者が周辺のリンゴ農家とうまくやっていく自信がなかった、自分らしいリンゴを創りたいという思いが86種類のりんご生産に結実（サンファーム吉田さん）

新規就農者であるサンファームの吉田さんは、「新潟県出身のよそ者が周辺のリンゴ農家とうまくやっていく自信がなかった」「自分らしいリンゴを作りたかった」という思いを強く持っていた。そのような時に出会ったのが「ブラムリー」という青リンゴであった。ブラムリーは、生食ではとても酸っぱいが、熱を加えて加工すると、風味と食感が素晴らしいリンゴである。その特徴にほれ込んだ吉田さんは「日本でも将来必ず需要がでる」という信念を持ち、加工リンゴの生産を平成24年からスタートさせた。

その後、個性が強い品種、ブレンドすると個性が引き立ちストーリー性があるもの、他の品種では代替できないもの、といった点を考慮して様々なリンゴ品種の生産にチャレンジした。その結果、サンファームで現在栽培しているリンゴ品種は86種類に達している。「リンゴの用途を拡大するのが自分の使命です」と語る吉田さんは、試験場、国内外の大学との共同研究に生産者として参加し、個性豊かなリンゴ品種に関する知識、栽培技術を蓄積している。

その3　祖父・父を超えたい思いがイタリア米の生産にチャレンジさせる（たけもと農場竹本さん）

石川県の稲作の篤農家として大きな活躍をしてきた祖父・父のＤＮＡをどのような形で受け継ぐか、さらには自分らしい農業経営のスタイルを確立したいと模索していた竹本さんが出会ったのがイタリア米であった。祖父のあくなき多収への挑戦、父の消費者ニーズに対応した有機農業や産直への挑戦を見て育った竹本さんは、常に自分らしい商品・経営を探し求めていた。そうした時に金沢市のイタリア料理店のシェフのイタリア米についての次の一言、「一度にたくさん輸入するため、お米の味が落ちてくる」「お米の粒が小さいので、輸入の際に割れやすい」「輸入品のため高い」「作ってくれると嬉しいのだが…」というつぶやきが、竹本さんの新たなチャレンジに火を付けた。

イタリア米にチャレンジしてみようと思い立った竹本さんではあるが、どのようにして作るか全くわからなかった。イタリア米の種子の輸入が難しいので、レストランのシェフを通して玄米を手に入れ種子を生産した。次にイタリアと同様な栽培方法で生産したいと思い、初めての直播に挑戦。しかし、イタリア米は草丈が150cm前後と高く倒伏しやすく、収量は360kg／10a前後で低かった。また、カルナローリ米は精米工程で割れやすいため、精米工程を多くして品質を確保するとともに、その他の米の品種と混ざらないように、細心の注意を払って乾燥・精米に取り組み成功させた。収量が低くても旺盛な需要に支えられ3倍近く高い価格で取引され、たけもと農場の主力商品となっている。

その4　7社の社長からの新規就農の本音と、経営改善のためのユニークな清水の30年理論（ねぎびとカンパニー清水さん）

筆者がこれまで出会った農業経営者の方々の中でも、ねぎびとカンパニーの清水さんほどユニークで活動的で自由かつ大胆な発想をもった人はいない。ここでは、特に7社の社長の職を投げうって新規就農した理由と、筆者が「清水の30年継続理論」と呼んでいる経営改善の方法について紹介する。

青年社長として辣腕を振るい、会社の経営改善を次々と実践してきた清水さんであったが、30歳で社長業をやめ、妻の故郷である山形県天童市で新規就農することを決意した。きっかけは、妻方の親戚の農協職員の方から、「農業が元気ないんだよ！」の一言であったという。しかし、筆者には大会社の社長から農業への転職の理由がなかなか納得できなかった。そのため、何度も転職の本音を尋ねた結果、「自分は雇われ社長であり、どんなに頑張っても企業のオーナー、株主にはなれなかった。自分で会社を起業し、真の社長になりたかった。そうした時にたまたま元気がない農業の話を聞いたので起業を決断した」と語ってくれた。

ねぎの市場規格では、１箱にＬなら45本、２Ｌは30本、Ｍは55本を詰める。Ｌは２Ｌの１・５倍の量が入る。Ｌの本数は２Ｌの１・５倍だが、販売額は１・５倍にならない。しかも、太さに関わらずネギ１本にかかる資材費、労力は同じである。こうした実態に疑問を持った清水さんが構築したのがネギ２Ｌ理論である。ここでは５haの圃場でネギを生産し、２Ｌを30年間継続して作り続けた場合と、Ｌ、Ｍを作り続けた場合の人件費と売上高の差を計算している。２Ｌを生産した場合、一日３００ケースを出荷すると仮定すると、２Ｌでは９千本、Ｌでは１万３５００本、Ｍでは１万６５００本のネギを出荷することになり、１日の人件費は、２Ｌ・７万９２００円、Ｌ・12万円、Ｍ・14万６４００円となり、１年間１５０日働くとして30年間では、２Ｌを作り続けた場合の人件費の節約は１億８３６０万円となる。一方、Ｌを生産して販売した場合の１年間の売り上げは１ケース２０００円として、約６７７０万円、２Ｌの場合はその１・５倍の１億１６０万円となる。30年では10億１７００万円の販売額の増加になる。人件費の削減と販売額の増加を合わせると、Ｌと２Ｌを作り続けた場合、実に30年間で約12億円の差がでることになる。このような考え方は、二宮尊徳の積小為大（小を積んで大と為す）と相通じるものであり、清水さんの経営改善はすべてこのような評価に基づいて実践されている。

その5　フィロソフィと採算という二つの手のバランスがとれた手の長いヤジロベエのような人材を育てるのが経営者の役割、そのためにはだれにも負けない努力をする（株）ぶどうの木の本さん）

ぶどう農家から1代で従業員150人、売上25億円の（株）ぶどうの木を創り上げた本さんは、たぐいまれなアイデアと行動力を持った経営者であるが、「ようこそぶどうの木へ」というお客様への感謝の気持ちを社是にするとともに、150人の社員の能力開発と適正配置を行うのが社長の責務と考えて、だれよりも努力をする人である。京セラの稲盛和夫会長が主催する盛和塾に入会し、積極的にアメーバ経営を導入し、40を超える独立採算を目指すアメーバ組織を形成するとともに、社員一人一人に経営者としてのマインドを植え付けるための企業のフィロソフィの構築に力を注いだ。これが、本さんが言う「フィロソフィと採算という二つの手のバランスがとれた手の長いヤジロベエのような人材」である。またこうした人材を具体的に育成するために導入されたのが、社内報「一歩前へ新聞」の毎日の発行である。A4サイズで16ページほどの新聞であるが、各アメーバから上がってきた40通ほどの日報すべてに、本さんのコメントを返したものである。また、この新聞には昨日の全アメーバの売上、予定売上、達成率、時間当たり売上、来客数、客単価などの実績データが記載され、アメーバ組織間で比較できるようになっている。忙しい本さんが、このような地道な努力をしていることに筆者は驚き、「大事な仕事だと思いますが、本当にできるのですか？」と質問した。質問に対して本さんは、「出張で不在の場合以外はすべて自分で毎日コメントを書きます。私はお酒を飲まないので、パーティがあっても2次会にはいきません。帰宅後、毎日3時間くらいかけてコメントを書きます。毎日日報を見てコメントを書かないと、会社で何が起こっているのかわからず不安になります。トップとして当然の仕事だと思っています。稲盛さんの教え『誰にも負けない努力をする。地道な仕事を一歩一歩堅実にたゆまぬ努力をする』を実践していると考えています」と答えが返ってきた。

その6　チーム安井はなぜ成長できるのか？　社長の高い目標と社員のアイデア・発想を活かす経営スタイル（安井ファームの安井さん）

大手企業から脱サラして実家の農業経営を継承し、条件が悪い北陸の地でブロッコリー71ha、水稲41ha、大豆15ha、その他の野菜8haで売り上げ3億円の大規模野菜・水稲複合経営を創出した安井さんの経営の基本方針は、「社員にやりたいことをさせる」である。そのために社長は「我慢して社員のモチベーションを高め、自由な社風を作るために行動することが大切」と語る。また、経営の基本は目標づくりにあると考える安井さんは、次のような社長と社員の目標を立てた。

社長の目標・社員一人当たり年間１０００万円の給料が払える会社にする。そのためには２０１５年までに5億円の売り上げを実現する。

社員の目標・社員一人当たり３０００万円の生産額を実現する。

安井さんはトヨタで学んだ小集団活動（ＱＣ活動）を参考に、社員が会社に愛着を持って自主的に業務改善ができるような仕組みづくりを重視した会社運営を展開している。その一つが目標管理であり、事業部別、作業グループ別、個別に目標を立てさせ、その実現のための業務改善と報償制度を設けている。安井さんの社員優先の経営・組織管理の特徴を決定づけたのが、「農作業しない宣言」である。米とブロッコリーの面積が拡大して社長中心で回すことができなくなり、任せられる人を育てることの重要性を感じた安井さんは、自分がいつまでも最前線で仕事をしていたのでは、指示待ちの社員ばかりが育ち能力が開発されないことを危惧し、「俺は作業服を脱ぎ、圃場での作業をしない」宣言となった。

また、安井さんの社員優先の考えは、「安井ファームというチームづくりにある」にあり、①絶対に首切りをしない、②自家菜園で技術を習得して自社の直売所で販売して、売れる農産物を作る苦労を知る、③やりたいことをやらせる、④採用する社員は、一定期間を社員と一緒に働く、その後、社員の全員一致で決めるという採用方式を実施している。社員優先といっても、ここまでできる経営者はなかなかいない。

その7 徹底的に地域にこだわりホワイトアスパラガスの生産で自らの経営と地域の発展を目指す（馬場園芸の馬場さん）

瀬戸内寂聴さんが住職を務めた天台寺がある岩手県浄法寺町（現二戸市）で冬採りホワイトアスパラガスの生産を成功させたのが若き経営者馬場さんである。冬採りホワイトアスパラガスに取り組んだ理由を次のように語っている。「とにかく、冬が寒くて厳しい岩手県北の浄法寺町では、畜産以外に冬場の農業は無理であると思われていました。そのため、働き口を求めて地域の人々は昔は出稼ぎ、現在は地域から出て行って働くしかありませんでした。その結果、地域では人が減り、本当に寂しい状態になってしまいました。立地条件が悪い浄法寺町では企業を誘致することもできません。農業で如何に年間就労できるかが、地域が生き残る唯一の道でした。そのため、農業で冬場でも働ける仕事を作りたかったのです。その一つの選択肢が冬採りホワイトアスパラガスの生産だったのです」

自ら生産した冬採りホワイトアスパラガスを「白い果実」と名付け地元のイタリアンやフレンチのレストランに出かけて販促活動を行うとともに、アグリフードＥＸＰＯなど東京で開催される商談会にも積極的に参加、さらには農場訪問・交流イベントを開催するとともに、メディアで企業ビジョンや取り組みを積極的に発信し、次第に認知度と販売額を高めていった。

浄法寺町は、岩手県を代表する葉たばこ産地であり、後継者も地域に残っている。そのため、たばこ農家と一体で冬採りホワイトアスパラガスの日本一の産地づくりを目指すため、12月から3月までに収穫を行う冬採りホワイトアスパラガスの伏せ込み栽培技術のすべてを葉たばこ農家に提供して生産してもらい、生産されたホワイトアスパラガスを全量馬場園芸が買い取り、独自の規格・販売方法、販売ルートで責任をもってできる限り高い価格で販売して、地域の発展につなげるという構想を描き、実施に向けて活動している。馬場式フランチャイズ型地域づくりと呼べる取り組みである。

その８　栽培技術にこだわり続け、一流の料理人から支持を受ける黒澤米の秘密（黒澤ファームの黒澤さん）

山形県南陽市で米作り一筋で挑戦をし続ける黒澤さんは、「米の味の違いを栽培法で出すのは難しい。基本は品種である」という考え方に基づき、「新潟のコシヒカリ」に負けない米づくりを目指した。そのため、栽培方法は難しいが、食味が良い「ミルキークイーン」「夢ごこち」をいち早く経営に導入し、それらの品種にあった栽培技術を追求してきた。常に技術革新のために米の新品種開発についての高いアンテナを張り、様々な米の品種の特性を評価するために20ａの実験田を持ち栽培試験を継続的に実施している。また、米の栽培技術の追求の成果を確認するため、2000年から全国米・食味分析鑑定コンクールに毎年出品し、最優秀賞、特別優秀賞、金賞をほぼ毎年受賞している。こうした受賞がきっかけとなり、東京都内の一流の米の販売専門店、レストラン、料亭との取引が可能となり、直売の成功をもたらしている。

新たな米作りの方向を決めるために実施したのが、東京で一人当たり米2合をプレゼントして実施した消費者の米の購買実態についてのアンケート調査である。こうした調査の経験がない黒澤さんであったが、苦労しながら500人ほどの調査を実施し、山形の「はえぬき」の知名度の低さと「新潟コシヒカリ」のブランドの高さを実感することになり、「新潟コシヒカリ」と勝負できる品種を模索し、低アミロース米の「ミルキークイーン」と「夢ごこち」に出会うことになる。

その9 〝借金も財産のうち〟を実践する新規就農者のチャレンジ精神（本田農園の本田さん）

次の数字を見てほしい。新規就農でトマト、キュウリ、イチゴのハウス栽培に取り組んでいる本田さんの施設投資の動きである。

2005年：大型施設4棟（10ａ）新設。投資資金約2000万円（1500万円融資、80万円補助金で、残り自己資金）

2011年：パイプハウス10棟新設。ハウス面積60ａ（所有地15ａ、借地45ａ、借地料金14万円）、1600万円を公庫から借り入れて建設。

2016年：ICTを活用した複合環境制御システムの連棟ハウス建設、建設費用は5420万円、2000万円補助、3420万円借入）、モミガラ養液栽培導入

２０１６年：住宅・事務所・出荷施設の整備　２２００万円（スーパー資金借入）

この投資金額を見ると、１億円を超えており、いかに大胆な投資に関する意思決定をしたかがわかる。「大規模投資に関して不安はありませんでしたか？」という質問に対して、「不安はなかったといえば、嘘になります。２００５年にハウスに２０００万円の投資をしたことで、後戻りすることはできなくなりました。また、売り上げを確保しなければ、借金を返していくことができないので、さらに２０１１年に１６００万円の投資を行いました。この段階から、自分一人ではハウスの管理に手が回らなくなり、人を雇うようになりました。その結果さらにハウスの増棟を行い、さらに人を雇うという循環になりました。とにかく、借金を早く返して身軽になりたい、そのために必死で働いていています。令和元年の収入は７５００万円、借金を返済し、従業員、研修生、そして作業を手伝ってくれる妻と父に給与と賞与（総額６４０万円）を支払っても、私の手元に８００万円以上が残ります。私はあまり細かな経営計算をしないのでわかりませんが、経営はうまく回っていると思います」と本田さんは明るく答えた。

また、新規就農者としての経験から、農業へのチャレンジについて次のようなうんちくのある言葉を語ってくれた。

「いきなり新規就農せずに、農業法人での勉強があったから独立就農ができた」

「牧歌的な部分は農業にはあまりありません。農業は誰でもできますが、誰でもができない部分があります。作物との対話が必要です」

「農業では、働いた分だけ金銭に代わるわけではありません。農業では技術と経営の両輪をうまく回すことが必要です。両輪の大きさが同じで、同じ速さで、同じ方向に向けて走らないと、どこに行くかわからず迷走してしまいます」

引用文献

(1) R・H・ウォーターマン・野中郁次郎訳『エクセレントマネージャー』クレスト社、1994・27頁。

第2章　未来の農業経営・地域農業のあり方を追求

―アグリーンハート・佐藤拓郎さんの挑戦

収穫間際の自然農法の田んぼでスタッフ一同と
（左から4人目が佐藤さん）

「笑顔農業　感謝農業」をモットーに、「楽しく、かっこよく、稼げる農業」を高生産性農法と自然農法、そしてスマート農業で実践するチーム・アグリーンハートに注目

1. はじめに

表紙の写真を見てほしい。新たな農業経営・地域農業づくりに挑戦している10人の若者たちが満面の笑みで黄金色の田んぼに勢揃いしている。その中で左から４人目のとりわけ笑顔がまぶしいのが、今回登場いただく新世代農業経営者・佐藤拓郎《さとうたくろう》さんである。農家の長男で６代目となる佐藤さんが農業をしようと決意した動機は次のように極めてユニークである。「私は、特に農業経営に大きな夢を持っていたわけではなく、高校時代から続けているシンガーソングライターとしての音楽活動を続けたいという思いで、高校卒業後に実家にそのまま就農しました」

しかし、高校時代から続けていた音楽活動がその後の農業経営の展開に大きなチャンスをもたらすとともに、農業経営者としての幅広い活動のベースを作ることになるとは当時の佐藤さん自身も夢にも思ってもみなかったという。

本章では新世代農業経営者として幅広い活動を展開するアグリーンハート代表取締役・佐藤拓郎さんの活動の原点に迫り、「笑顔農業　感謝農業」の言葉の背景にある考え方、佐藤さんが目指す未来の農業経営の姿、地域農業の進むべき方向とその担い手、それらを支える農業技術について考えてみたい。

2. 佐藤拓郎さんのプロフィール

株式会社アグリーンハート代表取締役の佐藤拓郎さんは、１９８１年青森県黒石市生まれの38歳の若手経営者である。高校卒業後実家で就農。実家は水稲（20ha）とトマトの複合経営農家である。佐藤さん自身、実家の農業経営者としては6代目となるが、祖父（4代目）の時に経営破綻を経験したという。5代目の父親は、地域の人々、農協などの助けを受けながら、血のにじむような努力の末に実家の農業経営を立て直し、20haの水田作の借地型経営に水稲育苗ハウスを利用したトマトの複合経営を実現した。こうした父親の苦労を見て育った佐藤さんは、早くから農業を継ごうと決めていたという。

当初、進学した高校ではバレーボールの選手としての活躍を目指したが、高校進学後身長の伸びがストップしてバレーボールをあきらめ、音楽活動にのめりこむことになる。ギター、ボーカル、作曲と様々なことにトライし、地元でライブ活動を展開した。この音楽活動の経験が、その後の農業経営に大きく生きることになるとは当時の佐藤さんには全く思いもよらなかったという。

実家の農業経営に就農した2000年当時は、育苗ハウスでのトマト生産を佐藤さんが、水稲部門を父が担当した。ほぼ、7年間、この形での経営が続いた。この間の給料は月5万円とお小遣いくらいで、信じられないほど低かった。7年後には佐藤さんが水稲部門を任され、父がトマトを担当することになった。このことがその後のアグリーンハートの設立に大きく関係することになる。この時期、「『自分の給与はどうすれば上がるのか？』と父に質問したところ、『業績が上がれば』と言われたので、『じゃ、経理をやらせてくれ』ということになり、自ら地域行政主催の簿記の講座に2年通いました。そこで見えてきたのが、水稲部門、野菜部門それぞれの収益構造の穴でした。野菜はJA以外の売り先にこだわりすぎて、売価は高いが利益率が低すぎ、水稲は投資と収益のバランスが悪く、過剰投資に陥っていました。当時は『助成金が出るから何かを買う』という時代でした」佐藤さんは、この問題を克服するため、規模拡大を図り生産性を高めるために夢中で働いた結果、過労で倒れてしまい、水稲部門の大幅な改革の必要性を痛感することになった。この時（２０１５年）、水田作30 ha、育苗ハウスが20棟（１００坪ハウス）あり、そのうちの10棟でトマトを、8棟でアスパラガスを生産しており、とんでもない過剰労働を強いられていた。

今後の経営の在り方を考えた結論は、父と経営を分離し、それぞれ独立の事業体として経営を行うというものであった。この時の判断を佐藤さんは、次のように語ってくれた。「父は、すでに野菜生産で地区のリーダー的存在となっており、水稲生産をサポートしてもらうのは困難でした。また、30 haの水田面積を自分一人で担当するのは難しく、雇用労働を入れない限り、生産は困難になりつつありました。信頼できる雇用労働を確保するためには法人化が必要であると考え、様々な法人形態を模索した結果、人を雇用して経営体を持続させるためにはは株式会社が望ましいという結論になりました」

２０１７年に父から独立して水稲部門を法人化して株式会社アグリーンハートを設立し、代表取締役に就任した。

3. 経営者・佐藤拓郎の原点を探る

徹底的に物事を突き詰める

筆者とのインタビューの中で語ってくれたのが、「徹底的に何でも知れ、そして原理を知らなければ人には伝えられない」という佐藤さんの父親の教えである。「多くを語らない父親でしたが、このことは生活、仕事等、いろんな場面で言われました。その教えに従い、小学生の頃に流行していたファミリーコンピュータを3日間徹底的にやり続け、ゲームの攻略方法を極めました。そして、飽きてしまったのと、時間の無駄使いのような気持になり、ぴったりやめてその後はテレビゲームをしなくなりました。また、機械類はできるだけ分解してその構造と動作のメカニズムを覚えました。このことが、様々な農業機械を使う農業経営にとても役立っています」と語ってくれた。

音楽活動で身に付けた経営センス

佐藤さんが高校時代から没頭した音楽活動は経営者・佐藤拓郎の形成に大きく関わっている。

まず第1が経営センスやマーケティングのノウハウを知らず知らずに身に付けたことである。その点について佐藤さんは、「高校時代から行っていたライブ活動を持続的に成功させるためには、作曲や演奏の技術を身に付けるだけでなく、ライブ活動をビジネスとして成り立たせることが大切です。それぞれのライブハウスに出入りするお客様のニーズを正確に把握し、演奏曲の組み立てを行い、入場者数を予測して入場料金を決める。また、多くのお客様を集めるためにパンフレットを作り、勧誘を行います。コスト意識とマーケティングが大切なのです。こうした経験がベースにあるので、簿記の修得は比較的問題なくできました。また、簿記記帳結果を分析して、経営の問題を探り出すことも容易にできました」と語る。これは、筆者の感想であるが、ここでも「なんでも徹底的にやれ、原理を極めろ」という父親の教えが活かされているように思える。

第2に佐藤さんの経営理念、信念、思いを伝えるユニークな言葉を生み出す力と音楽活動との関係である。以下、そうした佐藤さんが紡ぎだした言葉を拾い出してみよう。なお、これらの中のいくつかの言葉については、後で詳しく説明する。

「笑顔農業　感謝農業」

「アグリーンハート」

名前の由来：土から顔を出したばかりの若葉を「緑のハート」と捉えたグリーンハート。これに、自分たちの想いや活動と向き合った人達の心に、「ポンっ」と緑の心が芽を出したら嬉しい！というセリフ「あ、グリーンハート！」をひとつなぎにして『アグリーンハート』とする。

「会社ではなくチームであり、社員一人一人が地域のプレーヤーである」

「楽しく、かっこよく、稼げる農業」

「法人は地域に浮かぶ船、経営者は船長」

「地球にいながら月を耕す」

「土づくり、人づくり、笑顔づくり」

「ファーストコールカンパニーを目指す」

このような言葉が生まれる背景には、音楽で行っていた作詞活動が大きく影響しているという。「一つ一つの言葉を大切にして人々に感動を与える物語を作り上げる作詞は、自分の心からの言葉を生み出す原点」と佐藤さんは語る。

4. アグリーンハートの対照的な二つの営農モデル

佐藤さんは、現在営農スタイルと理念が全く異なる二つの営農モデルにチャレンジしている。その一つは平坦部で今後急速にリタイアする農家から農地が集まることを想定したスマート農業技術を有効に活用した「低コスト大量生産型」の大規模営農モデルである。他の一つが中山間地域などで栽培方法にこだわった物づくり、地域のストーリーを伝えるような職人型の農業、さらには休耕地の再生等、交流の拠点となるような「高付加価値生産型」のこだわり農業であり、自然農法、有機JAS認証取得、スマート農業技術などの活用を想定している。

以下、これらの二つの営農モデルについてみていこう。

低コスト大量生産型営農モデル

水稲とりんご生産が主体で比較的担い手が残っている黒石市の農業であるが、アグリーンハートに委託される水田は、2017年33ha、2018年42ha、2019年57haと年々急激に増加している。それだけ地域の水田農業の崩壊が早まっていることがわかる。「農地はお願いしなくても自然に集まります」という佐藤さんの言葉がそのことを裏付けている。なお、地代は、場所によって10a当たり1～1・5俵(1万2000円～1万4000円)を支払っている。今後も農地の委託は増加すると佐藤さんはみている。その結果、アグリーンハートは、現在、48haの水田で低コスト大量生産型の経営を展開している。このモデルでは、次の三つの栽培方法を採用している。

①V溝乾田直播27ha(「つがるロマン」「まっしぐら」を生産)

②湛水直播11・３ha（「つがるロマン」「まっしぐら」を生産）

③慣行移植栽培９・７ha（「青天の霹靂」「ムツニシキ」を特別栽培で生産）

ムツニシキは、１９７２年に誕生した品種で青森県、函館などで寿司米として寿司店や料理店で提供されていた。しかし、背丈が高く倒れやすく、収量がとれないムツニシキは、次第に消えていった。２０１５年に佐藤さんも参加する黒石市・藤崎町・田舎館村を中心とした30代前後の水稲生産農家の若者16人で構成された「南黒おこめクラブ」が、「寿司米・ムツニシキ」を復活させた。

佐藤さんは、水田作では低コストを実現すべく、湛水直播、Ｖ溝乾田直播を積極的に導入している。Ｖ溝乾田直播では、慣行の移植栽培より30％のコスト削減を実現し７万円／10ａでの生産を可能にした。また、10ａ当たり収量も６００～６６０kgと多い。４月20日前後から播種を行っており、移植との作業競合を回避している。湛水直播は、Ｖ溝乾田直播が終了してから播種作業を行っている。

図２−１　味と鮮度へのこだわり
銘柄を表示せずに販売

佐藤さんは、津軽みらい農協特Ａ米プレミアム研究会のメンバーとして銘柄米「青天の霹靂」の品質向上に力を注ぐとともに、品種名を表示しない独自ブランド「タクロン米」として販売を行っている。タクロン米は、有機肥料１００％と減農薬（８割減）で栽培した米を籾《もみ》すりした当日に真空パックして販売している。収穫と籾すりとほぼ同時に行うので、鮮度が極めて高いという。佐藤さんによれば、「おかずがなくても、お米だけで茶碗

1膳は食べられる」ほどおいしいという。コメの味に絶対の自信を持つ佐藤さんは、図2-1の写真のようにあえて銘柄を表示せず販売している。

高付加価値生産型営農モデル

佐藤さんのチャレンジで非常に興味深いのは、低コスト大量生産型営農モデルと同時に、生産に対する考え方と技術体系が全く異なる高付加価値生産型営農モデルにチャレンジしている点にある。中山間地で休耕地になっていた水田7・5ha、畑1・5haを借り受け、農薬、肥料、堆肥を使わない自然栽培で水稲、野菜を生産している。なお、水田・畑とも地代1万2000〜1万4000円／10aと平地の水田と同じ料金を支払っている。

また、自然栽培を実施している水田のうち60aは、みちのく銀行が主催する「奇跡のりんご」で大きな注目を集めた木村秋則氏の自然農法を学ぶ「木村秋則　自然栽培米酒《こめさけ》倶楽部」の実践圃場となり（図2-2）、2017年にGLOBALG.A.P. の認証取得農場となっている。自然栽培圃場9haは、すべて有機JAS認証を取得している。この認証取得について佐藤さんは、次のように語ってくれた。「草を毎年刈ったり、雑草対策のために土を起こすなどしている『保全管理された休耕地』であれば、有機JAS認証を1年目から取得できます」

また、有機認証取得の必要性については、「自然栽培では特に有機認証を取得する必要はありませんが、無農薬、無化学肥料、無堆肥を証明する、すなわち信頼確保の手段として取得しています」と答えてくれた。

なお、自然農法に取り組んだきっかけは、「母にがんが見つかり、それから食の安全について考

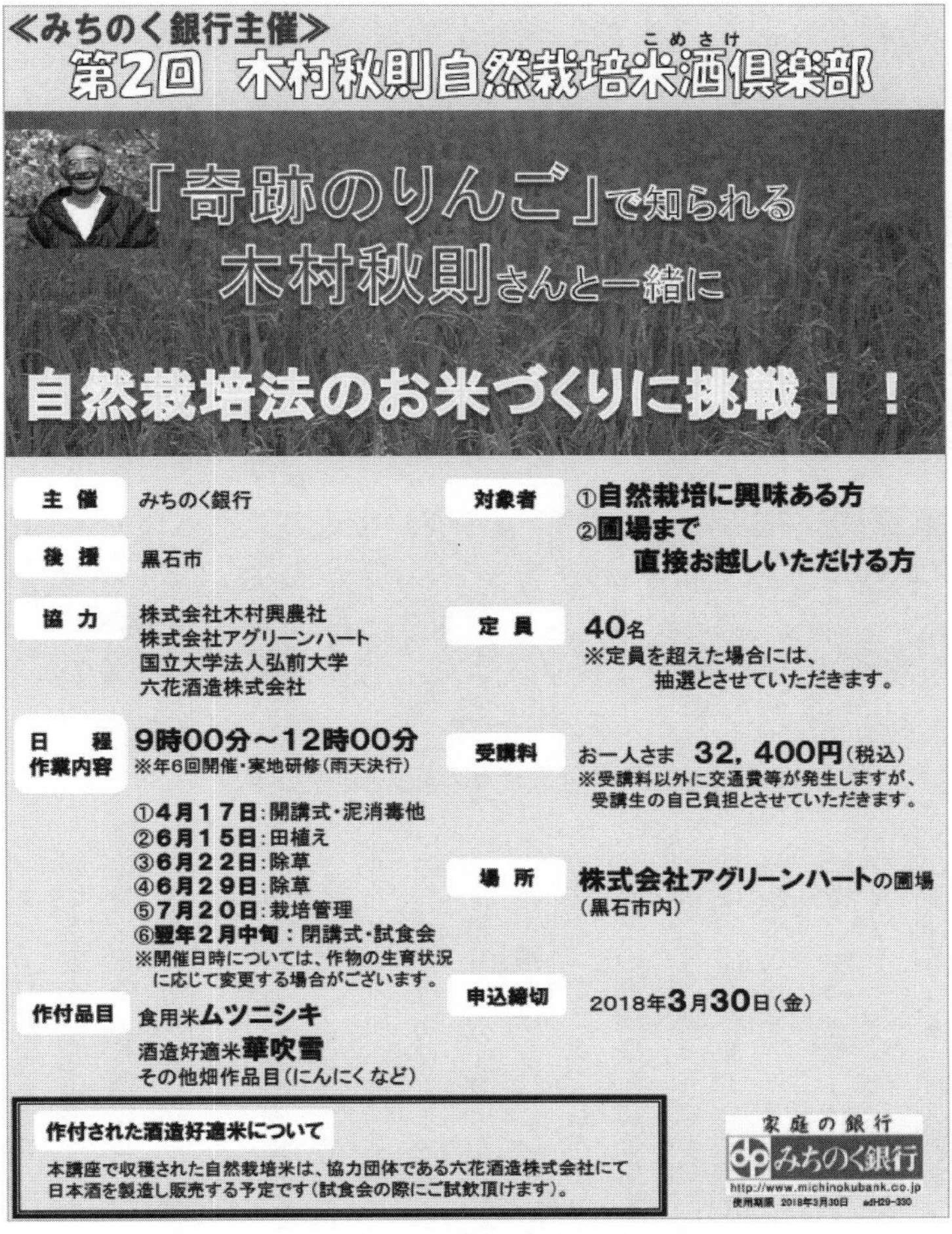

図２－２　木村秋則　自然栽培米酒倶楽部の活動案内

図2－3　自然栽培での水稲と野菜の生産

えるようになりました。また、子供ができ安全な食生活、さらには農薬に対する安全基準などについて考えるようになりました」と話してくれた。

現在、自然栽培圃場9haのうち、7.5haで水稲を生産し、生協、こだわりの米屋さんに7割、ドローンの会社オプティム（後述する）に2割、自社販売1割で出荷している。また、畑では大豆、ソバ、アスパラガス、ニンニク、じゃがいも、バジルなどの有機農産物を生産し、一部は加工して販売している。なお、大豆は一部みそ加工して販売、ソバは玄そばで市内のソバ屋さんに、ニンニクはスライス、すりおろし加工、ジャガイモは雪室で貯蔵して2月に出荷するなど、付加価値を高めるため、多様な加工・販売方法を採用している（図2-3）。

また、２０１９年の6月にはオーガニック専門の急速冷凍を中心とした加工会社「ビオ・フローズン」を立ち上げ、冷凍用の有機野菜を出荷している。現在、離乳食、病院食としての提供を目指して商品開発を進めている。また、２０２０年2月には農福連携に関する第3者認証制度である「ノウフクJAS認証」も取得した。国内9例目、東北では初の取得である。自然栽培について、GLOBALG.A.P.、有機JAS、ノウフクJASの三拍子揃った第3者認証を取得しているのは、国内ではアグリーンハートだけである。また、２０２０年には都内にアグリーンハートの店舗を出店し、本格的な自然栽培の農産物とその加工品、タクロン米等の販売とともに、将来の交流拠点としての活用を視野に入れている。

5. スマート農業と自然農法

現在、佐藤さんはスマート農業にも積極的に取り組んでいる。具体的な取り組みとしては、①GPS直進アシスト田植機での湛水直播、②GPS直進アシスト田植機での移植、③ドローンでの湛水直播（打ち込み条播）、④ドローンによるピンポイント農薬散布システム、⑤人工知能による雑草検知システム、⑥生産工程アプリ、⑦遠隔自動水管理システム、⑧自作IOT機器による遠隔監視装置（倉庫内の温度をセンシング）などである。

佐藤さんのスマート農業に対する取り組みは、「楽しく、かっこよく、稼げる農業」の実現の有効な手段として位置付けて実践している点に特徴がある。また、その有効性が確認されていないスマート農業技術をすべて自前で購入するのではなく、研究機関・企業との共同研究、共同事業のパートナーとして参加し、自社農地でその有効性を確認するという形で、スマート農業の導入効果を評価して、本格導入のための情報収集をしている。

特にAI・IOT・ビッグデータプラットホームを運営する株式会社オプティムが2017年12月にサービス提供を開始した「スマート農業アライアンス」に参加し、ドローンを活用したピンポイント農薬散布システム、雑草検知システムを実践している。このサービスに参加すると、ドローンを活用して水稲の生育診断、雑草の分布や種類を検知して、施肥や農薬、除草剤等の散布が必要な場所を把握して短時間かつ資材投入量を最小にして実施できる。佐藤さんの農場での実証試験においても農薬散布量は10分の1まで減少、雑草も抑えられるなど大きなコスト削減、労力節減の効果が上がっていると評価している。この技術が普及することで、下流の田んぼでも特別栽培・減農薬栽培ができるようになる可能性があることも効果として指摘している。課題としては、稲とヒエの区別が十分できない点を指摘している。こうした作業に必要なドローンはオプティムが準備してくれる。また、こうして生産された大豆と米はオプティムが買い取るとともに、高く販売できた場合は利益の配分もされるという。佐藤さんの場合、12月の特別栽培米の市場価格の90%でオプティムにドローンを活用した圃場で収穫した米を販売している。それでも農協への売り渡し価格よりも高いという。また、同社が提供する雑草検知システムの実証にも参加している。

ドローンでの湛水直播の打ち込み条播については、農研機構と石川県農林総合研究センターが実施する研究開発プロジェクトに実証農場として参加している。2019年度は540kg／10aの収量が実現できている。現在、15cm×4条で播種しているが、株間が30cmにできれば、機械除草機が入り、自然農法・有機栽培が実現できる可能性が大きく高まると評価している。なお、遠隔水管理システムの効果は大きいと評価しているが、価格が高くすべての圃場に設置するのは困難であると判断している。生産管理システム「アグリノート」については、２７０枚の田んぼの位置がスマホの地図データでわかるので、従業員への作業指示が非常にしやすくなったと評価している。直進アシスト付き田植機は代かき後の水を切らずに田植えができる点を高く評価している。

このようなスマート農業の技術開発に積極的に参加している理由を佐藤さんは、次のように語ってくれた。「有機農業、自然農法では、お金をかけないスモールスマート農業技術が、将来次のような場面で有効に活用できると考え共同研究に参加しています。ドローンによる湛水直播が可能になれば、稲の株間を乗用除草機による除草が可能な幅に設定でき、自然栽培における除草問題の解決が可能になります。また、小規模で分散した山間部の水田の除草管理をドローンや水管理システムで有効に管理できる可能性があると考えています。自然栽培や有機栽培の最大の課題である雑草管理がスマート農業でできれば、耕作放棄地問題の解決にも光明が見えるようになるでしょう。また、「楽しく、かっこよく、稼ぐ」「特殊技術を必要としない農業生産」「労働力の可視化＝８時間労働サラリーマン農業の実現」にもスマート農業技術は有効であると考えています」（図２-４、図２-６参照）。

6. サークル活動のような従業員との関係、将来は分社して地域農業の担い手に

冒頭の従業員と一緒の写真のように、アグリーンハートの社員は若く、楽しんで仕事をしている

図2-4　ドローンを利用した湛水直播の播種風景

図2-5　ユニークな機械除草風景

ようにみえる。「私はこれまで会社勤めをしたことがなく、組織といえば、中学時代のバレーボール、高校時代の音楽サークルしか知りません。だから株式会社をつくってもサークル活動のような組織になっています。また、従業員も私がフェイスブックなどで興味を持った人に声をかけるなどしてすべてヘッドハンティングして集めています」と佐藤さんが語るように、非常に和気あいあいとした雰囲気の中で仕事をしているようにみえる。

現在、佐藤さん本人と妻を含めて10人の社員がアグリーンハートで働いている。男性６人、女性４人で、年齢は40代が５人、30代４人、20代１人である。それぞれの社員に自然農法、スマート農業、水稲、イベント、ＧＡＰ、マーケティング、体験・食育、有機ＪＡＳなどの主担当が決められ、責任をもって仕事を推進する仕組みを構築している。アグリーンハートの売り上げは、２０１７年５５００万円、２０１８年６８００万円、２０１９年１億２７００万円であり、加工を開始した２０１８年以降急激に伸びている。

なお、現在の従業員数について、「会社の規模・業務内容からみて多すぎると思いますが、将来への人材投資だと考えて雇用しています。また、将来は水田農業から離脱する人が増えると思うので、アグリーンハートがそうした農地の受け皿になることも考えています。そうした状況になった場合、分社によって従業員一人一人が責任をもって地域農業を支えてもらいたいと考えています」と将来展望を述べている。

7．未来の地域農業づくりへの挑戦

佐藤さんは、農業経営だけにとどまらず実に多様な活動を展開し、その夢はとどまることがなく、次々と新たなことにチャレンジしている。しかも、楽しく、皆を幸せにしたいという思いで北日本を中心とした音楽ライブ活動の中で、地元のラジオパーソナリティも経験。また、2015年からその明るさと笑顔、人懐っこさが買われTVリポーターとして、農作業の合間をぬって県内の農産品を紹介している。「青森県の個性豊かな農家のところは、ほとんど回り知り合いになりました」と語る。また、学校教育サポーターとして県内の小中学校に農業の素晴らしさを伝える活動を行い、地元黒石市の観光大使にも就任。「忙しいですが楽しく毎日を過ごしています。こうした活動の原点には、地元の農産物の魅力をもっと引き出したい！　そしてそれを全国・全世界の皆さんに伝えたい！　それに尽きます。地域が笑顔になるような農業を続けていきます」とキラキラと語る（図2-6参照）。

佐藤さんの言葉の中で、「地球にいながら月を耕す」という言葉がある。この言葉を聞いて、「誰の言葉ですか？　素晴らしい発想ですね」と聞き返した。間髪を入れずに「私の言葉ですよ！」と返事が返ってきた。その本音を聞いたところ、「地球にいながら月を耕したい」というのが、僕の夢です。スマート技術を使えば、たとえば僕が黒石市にいながらブラジルの畑を耕す、みたいなことができるようになる。青森県にいながらアメリカとかヨーロッパの畑も耕せる。そういう時代が近づいていることを最近特に実感しています」という答えが返ってきた。とにかく驚くほど豊かな発想を持つ新世代経営者である。

図２－６　多くの人々・子供たちに農業の魅力と可能性を知ってもらう活動を展開

自然農法・有機農業とスマート農業との関係についても、「自分は有機栽培や特別栽培が好きで、そうした食材をビジネスベースで付加価値を付けて提供したいと考えています。自然農法・有機栽培を支える技術としてスマート農業はこれからますます重要になると考えています。なぜなら、自然農法・有機栽培は雑草との戦いです。如何に農薬を使わずに雑草の発生を抑制するかが成功のカギを握ります。特にドローンによる直播技術とＡＩを活用した雑草検知システム、そして、ＡＩ除草機が統合されて実用化されれば、自然農法・有機栽培は飛躍的に発展しますね」とスマート農業にかける期待は大きい。

最後に佐藤さんは、自然栽培でふるさとを再生する戦略を次のように語ってくれた。

「放置されていた水田を昔ながらの知恵と技術で土づくりして、自然栽培で美しい里山の景観を作りたいですね。そうすれば、自然栽培に触れてもらう『コトづくり』が様々な形で生まれます。木村秋則自然栽培塾に圃場提供したのも、保育園児の食育、新規就農者のトレーニング、中学生の職業体験、障害者の雇用、地元テレビ局での自然栽培企画などを実施しているのもすべて、自然栽培から様々な『コトづくり』を生み出し、地域に様々な人々が集まり、働き、遊び、交流し、笑顔があふれ、自然の恵みに感謝するような仕組みを作りたいという思いから生まれたものです」

コラム１　リーダーとは

リーダーを考える場合、まずリーダーに求められる資質について考えることが大切です。その人間としての魅力、リーダーとして様々な人々を動かす力などが真っ先に思い浮かびます。しかし、リーダーについて、人々がそれぞれ異なる理解や認識を持っていたのでは議論がかみ合いません。言葉の意味を統一することが必要になります。すなわち、言葉を定義することになります。言葉の定義というと、何か学術的で難しいイメージをもたれるかもしれませんが、実は、①自分の意思を相手に正しく伝える、②共通の理解の上に立ってコミュニケーションを行う、③説明や議論の範囲を明確にする、ために行うのが言葉の定義で、とても重要になります。

　まず、リーダーの定義について、辞書、専門書の定義をみておきましょう。広辞苑ではリーダーを「指導者。先導者。首領」と、大辞林では「指導者。統率者。指揮者」と、大辞泉では「指導者。統率者」と、日本国語大辞典では、「先頭に立ってみんなを引っぱっていく人。先導者。指導者。統率者」と、組織を統率して引っ張る人といずれも定義していることがわかります。

　これらのリーダーの定義は確かにリーダーの特性について多くの人が納得できるような説明となっています。しかし、あまりにも一般的過ぎて、リーダーについて深く考える事ができません。もうすこし、具体的に定義した方が、リーダーについての論議を活発にするためには有効です。そのため、ここでは、「リーダーとは、ある目的を持って集まった集団を引っ張る人」と定義することにします。この定義では、「目的を持って集まった集団」の中でリーダーを定義しているので、組織・集団におけるリーダーシップの定義の方向性を示すことができます。目的を持った集団とは、農業に限ってみても、集落営農組織、農業生産法人、農協の部会組織、集落づくり組織、４Hクラブ、農協青年部等、様々な集団があり、それらの組織を引っ張る人がリーダーということができます。

コラム2 リーダーシップとは

リーダーシップについては、一般的に部下の能力を見抜いて使いこなす力、明確な目的を持って現状の変革につながる仕事に取り組む力、様々な人々とネットワークを築くことができる力等と理解されています。経営学ではリーダーシップを「人間の集団的努力を喚起して集団の目的を効果的に達成していくためにリーダーが集団成員に対して行使する対人的な影響力（占部都美編『経営学辞典』中央経済社、１９９７、６１８-６２０頁）と定義し、リーダーシップの特徴分類、監督者の監督の仕方、組織風土の形成の仕方、リーダーシップの能力、リーダーシップのスタイルなどが研究されてきました。

こうした研究成果に基づくと、経営実践の視点からリーダーシップは、「経営の理念、ビジョン、活動の目的・目標を設定して従業員に伝えるとともに、従業員が経営体に求めることを把握してその実現を支援し、従業員の能力を最大限活かしながら経営体の目的・目標達成のために行動する能力」と定義することができます。経営に関わるリーダーシップで大切なのは、人を引き付ける明確な理念、目的・目標を示し、それを従業員に伝えること、従業員の働く動機を知ること、目的・目標実現への従業員の貢献を引き出すこと、そのための組織環境を整備すること、従業員の自主的な活動を支援すること、リーダーが模範的な行動をとること、であるといえます。

リーダーシップに関する以上の定義から明らかなように、仕事で求められるリーダーシップはもって生まれた才能や資質でなく、組織の目標実現に向かって発揮すべきリーダーシップの特性・スキルに応じて、一人一人が高い目的・目標をもって責任をもってそれらを実現する行動であると言えます。そのためには、経営者はリーダーシップの種類と特性を正しく理解して、従業員の特性に応じて適切な役割を割り当てることが重要な仕事となります。

第3章　果樹生産・販売の常識を覆す
―サンファーム・吉田　聡さんの挑戦

花が咲いたサクランボの木の下で微笑む吉田さんご夫妻
出所：サンファーム提供

垣根仕立ての観光サクランボ園、86種類の個性豊かリンゴと多様なベリー類の生産で果樹経営の常識を打ち破り、国内外のパティシエ、パティスリーとのネットワーク、さらにはインバウンドを含めた農園訪問者との多様な交流によって独自の果樹経営のビジネスモデルを確立

1. はじめに

最近のリンゴ、みかん、サクランボ、ぶどう等の果樹では、おいしく・美しい新たな品種が次々と市場に出回り、消費者の多様な果実の嗜好を生み出すとともに、購入の選択肢を広げている。

本章で紹介する（有）サンファーム・吉田《よしだ》聡《さとし》さんは、岩手県盛岡市近郊で80ａと盛岡市の隣の紫波町の６haの園地で、果樹生産の常識を覆す多彩なクッキングアップルをはじめ、サクランボやブルーベリーの観光農園、ラズベリー、桃、サワーチェリーなどを栽培し、国内外のパティシエ、パティスリーとのネットワーク、さらにはインバウンドを含めた農園訪問者との多様な交流によって独自の果樹経営のビジネスモデルの確立を目指して、日々進化する経営を展開している。

ここでは、吉田さんのチャレンジの軌跡をたどり、技術と経営・マーケティングのイノベーションの方法、目指す経営とビジネスモデル、経営理念と今後の経営展開に対する考え方に迫ってみたい。

2. 吉田聡さんのプロフィール

吉田聡さんは、１９６７年（昭和42年）８月に新潟県上越市で教育者一家・後藤家の長男として生まれた。両親とも教員で、父は新潟県の教育長も務めた厳格な教育者であった。山形大学農学部で農芸化学を学びながら、中学、農業高校の教員免許も取得し、教員への道も考えていた。新たなことを発見する研究が面白く大学院に進学し、遺伝子組み換えに関わる研究に没頭した。大学院卒業後は、魚に興味があったので水産系の商社に就職しサケの養殖に関する研究を担当した。しかし、学生時代の同級生で一緒に農芸化学を学んだ奥さんと離れることがつらく、奥さんの故郷であり就職先である盛岡市に1995年に仕事を辞めて移り、奥さんの家の仕事を手伝い始めた。奥さんの生家は、盛岡市近郊で10代・300年続く農家で（有）サンファームの母体である。現在、吉田さん（結婚を機に改姓）は、サンファームの専務取締役として活躍している。

なお、吉田さんが就農した奥さんの実家は、3姉妹で男子がなく農業の跡継ぎとなる婿取りを望んでいた。長男である吉田さんの婿入りを前提とした結婚は、当然のことながら親から猛反対された。奥さんの実家は、当時、3haの所有地と7haの借地で、モチ加工を含めた水稲主体の経営を展開し、喉から手が出るほど男手が欲しかった。両親を説得して就農した吉田さんを待っていたのは、サクランボの木を植栽したが、うまく結実しないサクランボ園の復活であった。

3. チャレンジの概要

念願であった就農を果たした吉田さんは、水を得た魚のように生き生きと様々なことにチャレンジした。この取り組みは、次のような三つの段階に分けることができる。

第1段階　サクランボ生産の再構築と経営目標の模索（就農期）
第2段階　観光サクランボ園開園（消費者直結経営展開期）
第3段階　多様な加工リンゴ・ベリー類の生産・加工（パティシエ、パティスリーとの交流経営展開期）

以下、上記3段階のチャレンジの特徴を以下に整理する。

第1段階　サクランボ生産の再構築と経営目標の模索（就農期）

結婚して就農した吉田さんを待っていたのは、うまく結実しないサクランボ園の復活であった。そのため、山形県、福島県のサクランボ農家を訪問し、生産技術を学んだ。そのポイントは、土づくりとビニール被覆で休眠打破する技術を採用して結実を確実なものにして高品質で味の良いサクランボの生産を目指す点にあった。土づくりでは、三陸の牡蠣殻堆肥、抗生物質使用の少ないアイコープ豚の堆肥、岩手県産の鶏糞を使用することにした。

また、これまでサラリーマンしか経験がない吉田さんが、企業者として農業にチャレンジすることへの不安は大きかった。その当時を吉田さんは、「何ができるかを常に考えていました」「婿入り先の稲作経営の将来は不安でした」「人と違う経営をやろうといつも考えていました」と述懐した。そのため、岩手県が主催する「岩手起業家大学」を1年間受講するとともに、岩手大学が主催する「いわてアグリフロンティアスクール」にも1年間通って研鑽を積み重ねた。

また、サクランボ生産が順調に回復し、収量も確保できるようになると、価格決定権が生産者に無い市場出荷から、生産者が価格決定権をもてる販売方法を模索するようになった。その一つが果樹園でのサクランボの直売であり、他の一つが非常にユニークなパチンコ店での景品としての販売であった。盛岡周辺のパチンコ屋に飛び込み営業し採用してもらった。サクランボの景品は、家族にちょっぴり罪悪感を持ちながらパチンコに興じていた世のお父さん方の家族に対する株を上げるのに有効であり、当時とても人気の景品であったという。

こうした取り組みの中で、吉田さんはお客様と直接触れ合える経営スタイルの重要性を次第に認識していった。

第2段階　観光サクランボ園開園（消費者直結経営展開期）

サンファームのその後の経営展開の大きな転機になったのが、２００７年（平成19年）の紫波町にある岩手県の種苗センターの跡地10 haの競争入札での落札である。その前に、ここに至るまでのサンファームの経営展開を説明しておきたい。サンファームは、もともと水稲生産でうるち米ともち米を生産していたが、うるち米ともち米の異品種混入（コンタミ）が問題となっていた。そのため、２・４ haをすべてもち米の生産に特化してコンタミを防ぐという決定を下した。水田では、水稲（もち米）と枝豆の輪作体系を採用した。もち米はモチに加工して販売、枝豆はゆでて販売した。しかし、「お盆時期は寝る間もなく忙しいのに、枝豆販売の収入は８００万円前後とあまり収益性は良くありませんでした」という状態であり、経営スタイルの転換を模索していた。また、当時、自宅と農地の一部が、北上川の河川改修工事に引っ掛かり、農地が減少した。農地の減少と共に、納税猶予を受けることができなくなるため、農業経営を持続するためには農地の購入が必要となっていた。

種苗センターの跡地10 haについて紫波町は、地元紫波町の生産者に販売して紫波町のワイナリーで使用するワイン用のブドウを生産してほしいという意向をもっていた。しかし、購入希望者は現れず、「ワイン用ブドウを３ ha生産してくれるならば、サンファームに売ってもよい」という申し出があり、購入を決断した。しかし、途中でこの購入条件はなくなった。購入費用は、２５００万

図３−１　収穫しやすいサクランボの垣根仕立て

出所：https://www5.pref.iwate.jp/~hp1010_1/area/shiwa/index.html

円であった。

農地の購入はしたものの、果樹園にするためにはサクランボ、ブルーベリー、リンゴの苗木代や支柱代などで4000万円の投資が必要であり、サンファームの役員からの借り入れで調達した。

なお、紫波町の果樹園で2010年（平成22年）から最初に植栽したのはサクランボであり、面積は1.2 haであった。このサクランボ園は、観光果樹園としてもぎ取りを主体とした。そのため、子供でももぎ取りがしやすいように、垣根仕立てにするようにした。垣根仕立ては、サクランボの枝を誘引して垣根のような形にすることで、子供でも収穫でき、サクランボ一粒一粒に太陽の光がたくさん届くためよりおいしい実が結実する（図3-1参照）。さらに、通常の雨よけ栽培よりも2か月以上早くハウスの被覆を行い、霜のリスクの低減、受粉を安定させている。また、できる限り長くサクランボ狩りができるように早生から晩成品種まで10種類以上の品種を組み合わせている。本格的に観光サクランボ園として開園するのは植栽から5年後の2015年（平成27年）からであった。

なお、サクランボ技術のイノベーションについては、後述する。

第3段階　多様な加工リンゴ・ベリー類の生産・加工（パティシエ、パティスリーとの交流経営展開期）

サクランボに続いて2012年（平成24年）から生産に取り組んだのがブルーベリーである。東北でのブルーベリー栽培に大きく貢献したのは岩手大学農学部滝沢農場である。冷害に強い作物としてブルーベリーが注目され、1980年以降岩手県内で普及していった。サンファームでは、摘み取り用としては、大粒で甘くジューシーな品種の苗を岩手大学から購入して主として栽培している。

同じく2012年に栽培をスタートさせたのがリンゴである。紫波町は、岩手を代表するぶどう、リンゴの産地であり、「新潟県出身のよそ者が周辺のリンゴ農家とうまくやっていく自信がなかった」「自分らしいリンゴを作りたかった」という思いを強く持っていた吉田さんは、「ブラムリー」という青リンゴと出会った。ブラムリーは、200年以上前にイギリスで偶然発見された品種で、生食ではとても酸っぱいが、熱を加えて加工すると、風味と食感が素晴らしく、英国内では生活に欠かせないリンゴとして、生産量が多く、世界的に有名なリンゴ品種となっている（図3-2参照）。このリンゴは9月前半から収穫できるというメリットがあり、その特徴にほれ込んだ吉田さんは「日本でも将来必ず需要が出る」という信念を持ち、加工用リンゴの生産をスタートさせた。販売を開始したのは2014年（平成26年）からである。

その後、個性が強い品種、強い特徴があるもの、ブレンドしたら個性が引き立つ、ストーリー性があるもの、他の品種では代替できないもの、といった点を考慮して様々なリンゴ品種の生産にチャレンジした。その結果、サンファームで現在栽培しているリンゴ品種は86種類に達している。加工用リンゴの販売額は毎年80万円くらいずつ増加し、令和元年現在700万円に達している。「リンゴの用途を拡大するのが自分の使命です!!」と語る吉田さんの顔は輝いている。

現在のサンファームは、サクランボ、ブルーベリー、リンゴの3本柱を中心とした経営を展開しているが、ラズベリー、ブラックベリー、レッドカーランツなどのベリーを加えた4本柱にすべく、栽培技術の向上を図っている（図3-3参照）。加工用サクランボとベリー類の現在の販売額は

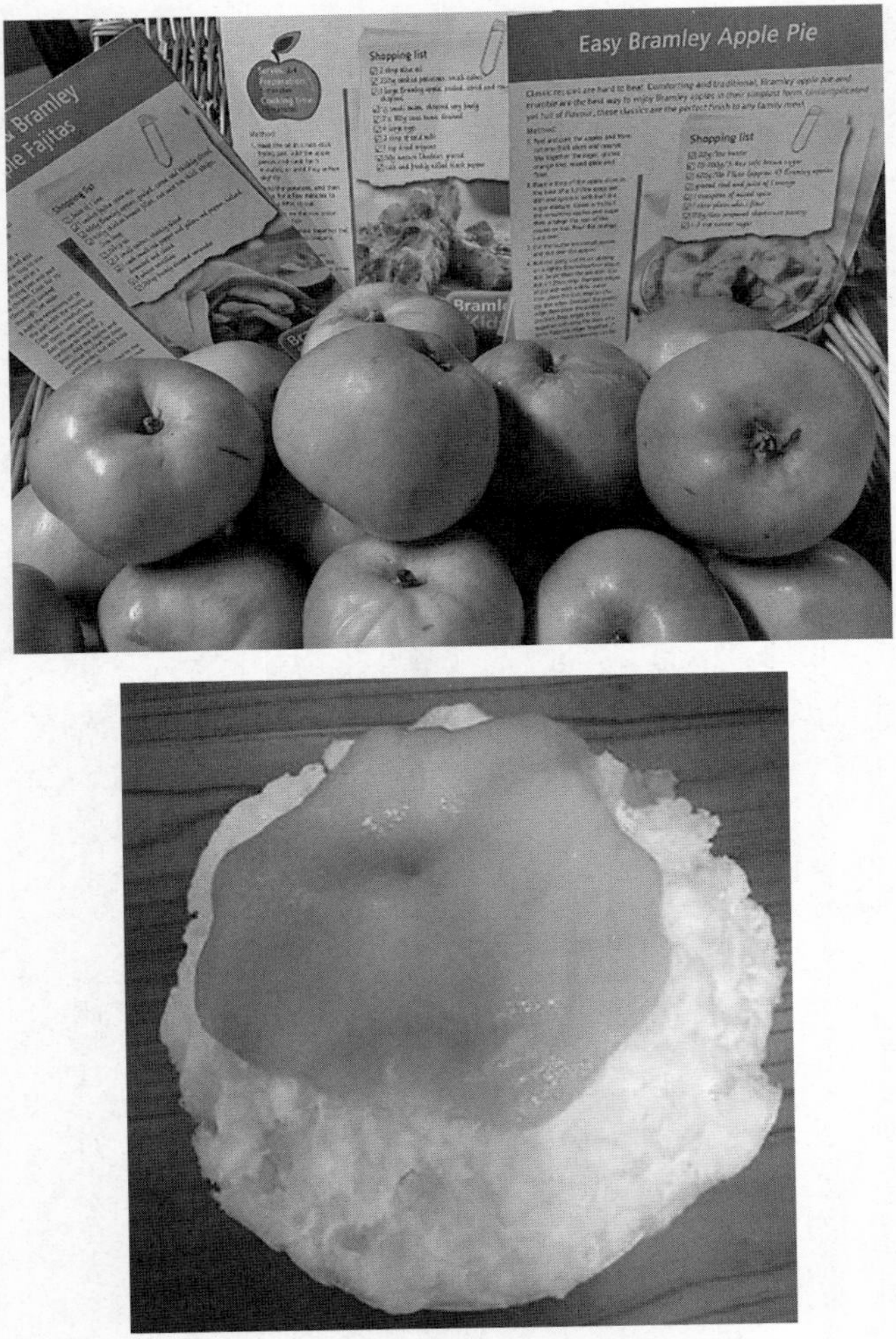

図3-2　ブラムリーの生果と加工したもの

出所：https://twitter.com/sun_farm_iwate（左）、https://sarah30.com/menus/2287191（右）

図３－３　サンファームの４本柱として期待されるベリー類

200万円前後であり、需要に生産が追い付いていない状況にある。

個性豊かなリンゴ、ベリー類については、この個性を引き出してくれるユーザーが不可欠である。また、これらの果実の特徴は、生食でなく、加工して初めて引き立つものである。そのため、個人ユーザーというよりも、パティシエ、さらには菓子職人がいるパティスリーが、主たる顧客となる。そのため、吉田さんは当初はパティスリーへの飛び込み営業を行った。また、公益社団法人東京都洋菓子協会が主催する日本最大の洋菓子イベント「ジャパン・ケーキショー東京」（パティシエの競技大会）に行き、審査員のパティシエへの営業・挨拶を行った。また、洋菓子に関する知識を深める、業界関係者と知り合うチャンスを求めて積極的に活動を展開している。「飛び込み営業の成功率は低いのですが、知り合った人からの紹介がビジネスに結びつく成功率は高いですね。また、SNSを使った情報発信で東京の有名洋菓子店のパティシエと知り合うことができました。現在、こうして作りあげたパティシエとのネットワークでは、4人くらい核となる方がいて、支援してくれています」と、営業の成果が実を結んでいることに自信を深めている。

4．技術イノベーションへのチャレンジ

サクランボ技術のイノベーション

吉田さんのサクランボ栽培で特筆できるのは、垣根栽培へのチャレンジであろう。

垣根栽培とは、図3-4のようにサクランボの枝を左右横方向に広げて誘引し、水平に伸びた枝にサクランボを結実させる栽培方法である。樹形が平面的で低く、人工授粉がやりやすくなるとと

もに、日当たりが良くなるため品質の良い果実の生産が可能となる。また、子供から大人まで背丈に応じた収穫が可能になるので、観光サクランボ園の仕立て法として優れている。サンファームでは、１列に12本を植え全部で36列つくり、農園訪問者が期間中いつでもおいしいサクランボがふんだんに食べられるように計画的に訪問者を園内に誘導している。

　枝と枝との間隔、何段で仕立てて樹高をどのくらいにするかは、品種、木の性質によって異なるため、確かな技術が求められる。吉田さんは苗木を２ｍ間隔の超密植で植栽し、優良な苗木だけを残して間引くという方法を採用している。この方法は多くの苗木を使うが、懇意にしている苗木屋さんから余った苗木を安く購入して対応した。

図３－４　サンファームのサクランボの垣根仕立て

　北国でサクランボを栽培する場合、遅霜などの被害に合うリスクが高い。また、お客様になるべく早くサクランボ狩りを楽しんでもらうため、通常の雨よけ栽培よりも2か月以上早くハウス被覆を行い、受粉を安定させている。現在の品種構成は、早生～中生の佐藤錦50％、晩生の紅秀峰25％を中心にサミット、ナポレオン、ノーススター、メテオール、イングリッシュモレロ、高砂、紅さやか、山形美人、香夏錦、最上錦等、加工用品種を含めて6月下旬から7月にかけて収穫ができる15品種を生産している。

リンゴ技術のイノベーション

わが国最大のリンゴ生産県である青森県庁のホームページを見ると、「リンゴの品種は、世界中で約15000種類、日本では約2000種類もあります。県リンゴ試験場では約300種、県内では約50種が栽培され、市場に出荷されているのは約40種類」と記載されている。これに対して吉田さんが栽培しているリンゴの品種は86種と突出している。

一般のリンゴ農家と競合するリンゴ生産をあきらめ、個性豊かなリンゴ生産を目指した吉田さんにとってブラムリーという青リンゴとの出会いは運命的であった。加工することで個性が引き立つブラムリーに惚れ込んだ吉田さんは、個性が強い品種を求めてあらゆる産地、生産者、研究者を訪れ、どん欲に知識を吸収するとともに、苗木を手に入れて自社農場で生産を試みた。こうしたネットワークでいくつかの重要な出会いがあった。

果肉が赤いリンゴを生産するきっかけは、果肉が赤いリンゴ「紅の夢」を育成した弘前大学の塩崎名誉教授との出会いから始まっている。「紅の夢」は紅玉に、「エターズゴールド」とラベルの付いた品種名のない樹を交配してできた果肉までアントシアニンが含まれて赤い珍しい品種である。塩崎名誉教授から紅の夢の栽培を勧められた吉田さんは、すぐにチャレンジした。その後、果肉が赤いリンゴとして、ピンクパール、ジェネバ、メイちゃんの瞳等の栽培を行っている。赤肉系のリンゴは一般に酸味が強く、ジャム、ジュース、お菓子の材料として評価が高い（図3-5）。

また、多様なリンゴ品種を保有する青森県りんご試験場、盛岡市の農研機構リンゴ研究拠点など

図３-５　サンファームの個性豊かなリンゴたち

出所：サンファーム提供

の研究機関、北海道大学、オレゴン州立大学との共同研究にも生産者として参加し、個性豊かな品種に関する知識、栽培技術を高めていった。また、インターネットを活用して様々なリンゴ品種を紹介してもらうとともに、栽培したい品種がある場合は、農研機構りんご研究拠点との共同研究という形で品種特性、加工適性の調査を行っている。また、多様なリンゴ品種の栽培技術については、試行錯誤を繰り返しながらノウハウを蓄積している。

5. マーケティング・イノベーションへのチャレンジ

観光果樹園の経営システム

盛岡市周辺はリンゴの産地である

が、サクランボ農家は数えるしかない。また、その中でもサクランボ狩りができるのはサンファームと他の1農園しかない。サンファームには2か所のサクランボ農園があり、その一つは古くからサクランボ狩りを行っていた盛岡市内の「盛岡さくらんぼ農園」、他の一つは紫波町の「Cherry & Berry Garden Yoshida」であり、以下の条件で経営を行っている。

【料金】：食べ放題30分

中学生以上1500円、3歳～小学生1000円、3歳未満無料

【営業期間】：6月下旬～7月下旬

料金設定は、1人が1kg食べると想定して設定している。サクランボ産地の山形県では、これより安い料金の農園もあるが、味で勝負したいと考え、この料金に設定している。最近の入場者数の推移は、以下のとおりである。

2017年　盛岡の農園　2053人、紫波の農園　1633人

2018年　盛岡の農園　2655人、紫波の農園　1760人

2019年　盛岡の農園　257人*、紫波の農園　1457人

*サクランボ不作のため入園者が激減

シーズン中の土日の売り上げは多い日で140万円／日を売り上げる日もあるという。車の交通整理が最大の課題となっている。最近は花巻空港と台湾との直行便が運航しているため、台湾からのお客が増えている。中国語（英語字幕付き）のビデオを自社で製作しユーチューブで見ることができ、外国人訪問客の拡大に大きく貢献している。

サクランボの販売については、サクランボ狩りが4割、贈答含む直売が5割、残りの1割が市場

の仲卸、系統出荷である。

ブルーベリーの摘み取りは、７月上旬～下旬とほぼサクランボと同時期となっている。料金は、60分食べ放題で中学生以上８００円、３歳～小学生５００円、３歳未満無料となっている。年間入場者数は２００人とサクランボと比較して少ない。また、サクランボとブルーベリーのミックスコースもあり、１８００円／１時間食べ放題である。年間入場者数は４００人である。

多様な果実加工品の開発と販売

とにかく他の農家と違うものを作ってお客様に届けたい、その反応を確かめたいと考える吉田さんにとって、通常の市場での販売は当初から頭になかった。しかし、契約栽培のような方法も採用することができず、自ら顧客を探すしかなかった。そのためには、顧客のニーズにきめ細かく対応して、個性ある果実の特性を最高に活かすマーケティングへの挑戦が不可欠であった。まず、チャレンジしたのが、果実の特性を活かす多様な加工商品の開発であった。販売額が多い順に見ていくと1位が「すりおろし」である。個性豊かなリンゴを保存料や着色料を加えず、すりおろしただけの商品であり、料理の隠し味、ドレッシング、菓子の材料、ゼリーやムースに利用でき、業務用として人気があり、年間１２０万円程度の売り上げがある。第2位はジュースであり、すっぱいリンゴ品種を１０００kg程度、さらには桃とラズベリーのミックスを県内の加工組合でジュース加工してもらい、都内や盛岡のレストランに販売している。3位がお菓子の原料として販売するドライ加工、4位が盛岡の有名なクラフトビールメーカーに販売するシードルである。また、ジャム類は自社で加工している。なお、現在の果実加工品全体の販売額は年間３００万円前後である。

業務用の食材としての新たな販売スタイル

個性豊かな多様な果実を生産するサンファームの販売スタイルはユニークである。現在、次の五つの異なるタイプの販売スタイルを採用している。①サクランボ、ブルーベリーのフルーツ狩りと直売、②高級サクランボを中心とした贈答セットでの販売、③自社加工の多様なジャムの販売、④製菓業者向けの加工用果実の販売、⑤企業とコラボした商品開発である（図3-6参照）。

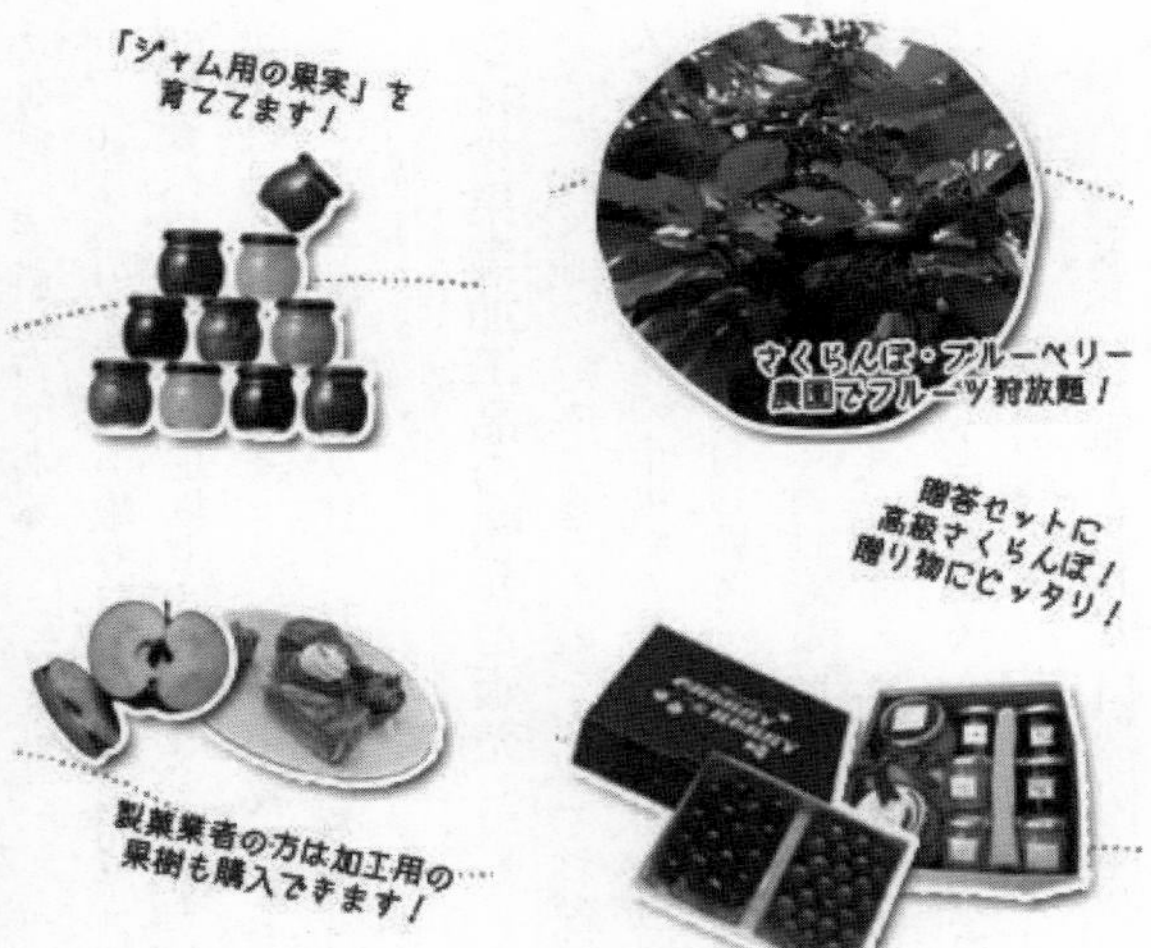
「ジャム用の果実」を育ててます！
さくらんぼ・ブルーベリー農園でフルーツ狩放題！
贈答セットに高級さくらんぼ！贈り物にピッタリ！
製菓業者の方は加工用の果樹も購入できます！

図3-6　サンファームの多様な販売スタイル
出所：サンファーム資料より

ここでは、通常の農家があまり行っていない業務用の加工用果実の販売について詳しくみてみたい。販売方法としては、インターネットを通した販売と、主要な販売先に食材リストを提示して注文してもらうという二つの方法である。

図3-7は、個性豊かなリンゴとベリー類のサンファームのホームページの商品紹介ページである。ここから、実需者・消費者は注文を選択すると、ヤフーショッピングサイトに飛んで、注文を行

図３-７　サンファームのHPにある商品販売サイト

出所：サンファーム提供資料より作成

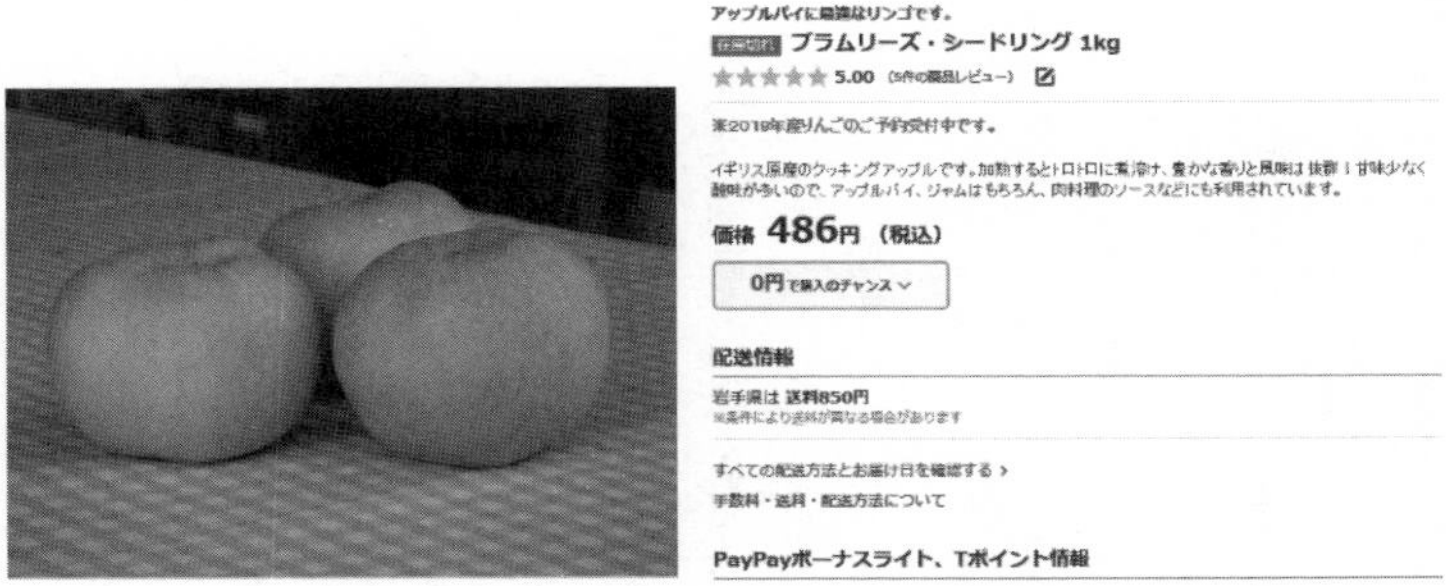

図３-８　ヤフーショッピングの注文サイト

うことができる。図3-8はブラムリーの注文サイトである。

また、図3-9は実需者向けの業務用の食材リストである。このような食材リストが生産している主要な商品について作られ、菓子製造企業に配布され、注文を受けるスタイルを採用している。

以上のように、サンファームの個性ある果実の販売については、多様な販売方法が採用されているが、いずれも商品の特性を説明し、その活用方法は実需者・消費者に任せるという点に特徴がある。また、吉田さん自身生産しているすべての果実の最適な食べ方を熟知していない場合もあり、顧客と一緒に食材のおいしい食べ方を双方向で試行錯誤している。

多様な交流活動の展開

サンファームは、単なる食材の生産・販売にとどまることなく、顧客との様々な交流を大切にしている。特にサンファームが生産している果実そのものが持つ特性・可能性を開拓するために、「農業と人と人とを繋ぎ　おいしい岩手を発見するプロジェクト」を実施している。このプロジェクトは、サンファームと企業やパティシエが一体となって岩手の食材を使った新たな可能性を模索するプロジェクトである。このプロジェクトは、サンファームを核としながら地元の農業生産者とするプラットフォームを形成し、「首都圏・盛岡のパティシエの交流」「生産者とパティシエの交流」「若い生産者の育成」「農業生産者の商品開発」「料理専門学校生とパティシエ交流」などを通して、岩手の食文化の発展とそれを支える人材の育成を目指している。特に、生産者による商品開発に対する同業者や料理人からのアドバイス、経営者相互の意見交換の場として活用されている。

2019年7月初旬には、神戸を代表するパティシエの集まり「Origin Kobe（オリジンコウベ）」

食材リスト

平成29年8月22日

食材・商品名	りんご、紅の夢		
出荷可能期間	11月から2月	最も美味しい時期	11月
原料原産地	岩手県	賞味期限・消費期限	冷蔵7日
内容量	キロ単位で販売	保存温度帯	冷蔵
1ケース当たり入数	キロ単位で販売	発注リードタイム	7日
商品代金(最小単位)	業務用3キロから(詰合せ可)450円/kgより		
送料別(クール便)			
商品特徴(こだわり)　赤肉品種で火を入れると煮溶けます。酸があります。果肉の赤色にはばらつきがあるのでご了承下さい。			

食材・商品名	グラニースミス		
出荷可能期間	11月から2月	最も美味しい時期	12月から1月
原料原産地	岩手県	賞味期限・消費期限	冷蔵7日
内容量	キロ単位で販売	保存温度帯	冷蔵
1ケース当たり入数	キロ単位で販売	発注リードタイム	7日
商品代金(最小単位)	業務用3キロから(詰合せ可)350円/kg		
送料別(クール便)			
商品特徴(こだわり)クッキングアップルとして評価の高い品種です。			

食材・商品名	春紅玉		
出荷可能期間	11月から5月	最も美味しい時期	1月から3月
原料原産地	岩手県	賞味期限・消費期限	冷蔵7日
内容量	キロ単位で販売	保存温度帯	冷蔵
1ケース当たり入数	キロ単位で販売	発注リードタイム	7日
商品代金(最小単位)	3キロから(詰合せ可)		
送料別(クール便)	業務用3キロから(詰合せ可)350円/kg		
商品特徴(こだわり)貯蔵性の良い紅玉という評価です。貯蔵していると少しづつ酸が少なくなります。クッキングアップルとして評価の高い品種です。			

食材・商品名	りんご、ゴールデンラセット		
出荷可能期間	1月から3月	最も美味しい時期	2月から3月
原料原産地	岩手県	賞味期限・消費期限	冷蔵7日
内容量	キロ単位で販売	保存温度帯	冷蔵
1ケース当たり入数	キロ単位で販売	発注リードタイム	7日
商品代金(最小単位)	3キロから(詰合せ可)		
送料別(クール便)	業務用3キロから(詰合せ可)350円/kg		
商品特徴(こだわり)イギリス、フランスで評価の高い品種です。収穫直後には渋み、苦みがあります。貯蔵することにより18度位までは糖度が上がります。			

図３－９　実需者向けの食材リスト（抜粋）

出所：サンファーム提供資料より作成

による盛岡ツアーに、サンファームも参加し「Cherry & Berry Garden Yoshida」と盛岡サクランボ農園で岩手のサクランボをPRした（図3-10参照）。また、クッキングアップルの活用では、盛岡市の創菓工房みやざわとのコラボスイーツ「プリンセス・ミカ」を製造販売（図3-11参照）、さらにフルーツ専門の流通会社と連携し、タイへの「果樹携行輸出プロジェクト」を敢行。「岩手の甘くおいしいフルーツを伝えたい」との吉田さんの想いのもと、タイの大型ショッピングモールでの対面販売とタイのTVショッピング番組「ショップグローバルタイランド」での通販を実施し200kgを完売した（図3-12参照）。

農産物輸出を含めた多様な交流活動が可能になったのは、キリンビールが実施している「復興応援キリン絆プロジェクト」の中で、2013年から実施している「東北復興・農業トレーニングセンタープロジェクト」の対象経営者に吉田さんが選ばれ、オランダでの勉強、グローバルプロデューサー育成事業への参加がきっかけである。こうした活動を振り返り、吉田さんは、「常に高いアンテナを張り巡らし、発信していれば、必ず誰かが見ていてくれて、高い場所に登る梯子を用意してくれることを痛感しました」と述べている。

また、タイでのリンゴの販売経験で吉田さんは、「ドン・キホーテによって国産リンゴがタイで安売りされるとともに、韓国産、中国産のフジリンゴの流通が一般化している現在、農家レベルで高級リンゴを海外で販売するのは難しい。唯一感じたのは蜜入りリンゴなら勝負できる可能性がある」ことを痛感したという。

神戸を代表するパティシエが
盛岡ツアーにお越しくださいました。

2019年7月初旬、神戸を代表するパティシエの集まり「ORIGINE KOBE（オリジンコウベ）」の方々が盛岡ツアーにお越しくださいました。サンファームではチェリー&ベリーガーデンと盛岡さくらんぼ農園にお越しいただき、様々な品種のさくらんぼを食べ比べしていただきました。

図３-10　神戸のパティシエ組織との交流

出所：サンファーム提供資料より

パティシエ
コラボ
製菓開発

いわてじのものスイーツ 創菓工房みやざわ×
サンファーム「プリンセス・ミカ」

スイーツ加工に最適な「クッキングアップル」
創菓工房みやざわ様が余すことなく

今回「創菓工房みやざわ」のみやざわ様に特別栽培したリンゴを使用し、サンファームとみやざわ様のコラボスイーツ「プリンセス・ミカ」をつくっていただきました。サンファームの過熱しても荷崩れしにくい「クッキングアップル」を使用し、また皮の色が濃く、合成着色料が必要ない特徴が、この「プリンセス・ミカ」のおいしさを一層引き立てています。生食では出せない「シャキシャキした感触」と「程よい甘酸っぱさ」をぜひみなさまもご堪能ください。

S-1グランプリじのものスイーツコレクション
出品で多くの方々がご堪能

サンファームで栽培しているリンゴは通常の果樹園が栽培する品種と少し違い、「加工用リンゴ」を主としています。この加工用リンゴは、洋菓子や和菓子などに最適で、生食リンゴよりも豊かな酸味を表現することができ「クッキングアップル」と呼ばれています。今回のコラボ商品は「2017年　S-1　いわてじのものスイーツコレクション」にて出品され、多くの方にご堪能いただきました。

図３-11　洋菓子店との共同での商品開発

出所：サンファーム提供資料より

岩手から世界へ
果実輸出
プロジェクト
サンファームがリンゴをタイへバンコクTVショッピングと
対面販売岩手のリンゴ200kg完売御礼
グローベリージャパン株式会社様と
岩手のおいしい果実をタイのみなさまへ
サンファームはフルーツ専門の流通会社と連携し、タイへの「果樹携行輸出プロジェクト」を敢行しました。グローベリージャパン株式会社様と連携し、タイでは食べることができない「岩手の甘くおいしいフルーツを伝えたい」という想いのもと、タイの大型ショッピングモールでの対面販売とタイのTVショッピング番組「ショップグローバルタイランド」での通販を実施し、タイの多くの方々に日本の果実をご堪能いただきました。
世界に広がるマーケット
「おいしい」は世界の共通語だから
タイでは、フルーツは日本よりも身近でデザートよりも食事に頻繁に使用されるため、日本の果実よりも水分が多く、糖度が低い傾向にあり、日本の甘い果実はタイでは珍しい部類に入ります。
またアジア圏では生の果実を国外に持ち帰ることができる国は限られており、タイでは検疫証明書をつけるなど条件を満たせば持ち帰りが可能なため、日本へ観光に来た方々をターゲットに、リンゴの収穫体験や観光客が果実を持ち帰る携行輸出、タイ国内での対面販売など様々な展開を考えております。

図 3-12　リンゴ輸出へのチャレンジ

出所：サンファーム提供資料より

6．現在の経営状況と今後の展開

吉田さんの経営理念と現在の経営状況

吉田さんの経営は、必ずしもビジネス視点だけで運営されてはいない。もちろん、経営を持続するためにはビジネス視点が重要なことは言うまでもない。吉田さんの企業理念、経営理念は必ずしも明確に文書化されてはいないが、インタビューや吉田さんの発信から判断すると、次のような言葉に集約できそうである。

「我々の生産物はお客様からの大切な預かりモノと考え心を込めて栽培している」

「お客様との交流を通じて果実の魅力を伝え、食べる喜び、癒しを提供したい」

「おいしさを直接皆様に届ける経営スタイルを採用」

以上の言葉から、吉田さんが目指すのは「お客様と交流しながらその多様なニーズと商品を一緒になって開拓し、喜んでもらえる新たな参加型農業経営」と言えそうである。

サンファームの販売額の推移をみると、２０１５年オープンの紫波町の観光果樹園 Cherry & Berry Garden Yoshida の開園までは、毎年５０００万円前後で推移していたが、Cherry & Berry Garden Yoshida の経営が軌道に乗った２０１７年は７４００万円、２０１８年は７８００万円に達している。また、盛岡市と紫波町の２か所の観光サクランボ園は、現在のサンファームの最大の収入源であり、天候にさえ恵まれれば安定した収入の確保が期待できる。クッキングアップルを核としたリンゴについては、現在７００万円前後の売り上げであるが、その良さがパティシエ、パティスリー、こだわりレストランに認められれば、今後大きく伸びていくであろう。また、ベリー類についても、業務用として今後の伸びが期待される食材であり、サンファームの今後の経営の伸びしろは大きい。

サンファームの今後の経営展開

サンファームは、まだまだ発展途上の経営体であり、今後の発展が期待できる。特にクッキングアップルのニーズについては、今後の開拓がおおいに期待できる。吉田さんのパティシエ、パティスリーへのネットワークの構築が本格的に花開くのはこれからである。どのような用途、商品が開発されるか非常に楽しみである。業務用のさらなる食材開発に期待したい。

また、吉田さんは、紫波町の観光果樹園「Cherry & Berry Garden Yoshida」内にカフェを作りたいという強い希望を持っている。個性豊かな果実・その加工品と出会える場所、さらには生産者と消費者・実需者が様々なアイデアを出し合い商品開発につなげる場、パティシエの卵の教育の場、世界の人々との交流の場等、大きな夢を描いている。

果実の輸出については、吉田さんは、次のように考えている。「当初ビジネス志向で考えていましたが、タイでの販売を経験する中で海外での競争に勝つことの難しさを実感しました。そのため、現在は様々な人々とのネットワークをつくることに力を注ぎ、新しい人間関係の中で新しいチャンスが生まれると考えるようにしています」

また、将来の経営展開のための課題を次のように語ってくれた。

「私が様々なことに楽しくチャレンジできたのは、妻と義父のおかげです。2人がサンファームの土台をきちんと支えてくれていたから、将来が明確に見通せない中での私の試行錯誤ができました。しかし、自分も気が付けばすでに53歳になってしまいました。まだまだチャレンジしていくつもりですが、サンファームの経営の持続のための土台を作っていかなければなりません。その第1は現在14人いる従業員の能力開発です。果樹生産に関わる剪定などの重要な仕事はサンファームでは、私しかできません。重要な果樹栽培技術、加工技術などについては、今後マニュアル作りを行い、主要な従業員が修得できるようにしたいと考えています。また、私には3人の娘がいますが、後継者についてはまだ決めていません。長女はサンファームの社員として働いていますが、次女は東京で就職、三女は大学生です。娘たちが経営を継いでくれることを希望していますが、まだまだ話し合いはしていません」

コラム３　リーダーに求められる資質

コラム図1は、「リーダーシップとは何か」というテーマで様々なワークショップを行った結果から、「リーダーに求められる資質」について整理したものです。それらを大胆に分類整理すると、リーダーに求められる資質は、次のように整理することができます。

①リーダーとしての人間力
②人を引き付ける魅力
③リーダーとしての部下との接し方
④目的志向で仕事に取り組む力
⑤様々な人々と付き合う力
⑥柔軟に課題を解決する力

また、問題解決のためには、常に学ぶ意思、困難に立ち向かう強い信念、危機管理、自分の間違いを認め

リーダーとしての人間力
- 統率力がある
- 高い決断力
- 強い責任感
- 先見性がある
- 発想が豊か
- 強い行動力

人を引き付ける魅力
- 話がうまい
- 優しい笑顔
- 心身健康で体力がある
- 時には強引に行動する
- 誠実で嘘をつかない
- 親しみやすい
- 信念がぶれない
- 数字に強い

リーダーとしての部下との接し方
- 人をうまく使うことができる
- 部下の意見を謙虚に聞く
- 部下の状態を常に把握
- 納得いくしかり方ができる
- 部下の能力を見抜く
- 部下を信じて仕事を任せる
- 優秀な人材を使いこなせる

目的志向で仕事に取り組む力
- 的確で迅速な判断力
- 現状を変革する力
- 適切な目標を立てる力
- 広い視野を持っている
- 皆の意見を聞くことができる
- 柔軟に困難に対処できる
- 何事にもポジティブに取り組む
- 明確なビジョンがある

様々な人々と付き合う力
- コミュニケーションがうまい
- 豊かな人脈がある
- 人とのつながりを大切にする
- 誰に対しても平等
- 感情が常に安定している
- 人の悪口を言わない
- 気遣いができる
- 仲間を大切にする
- 目配り・気配りができる

柔軟に課題を解決する力
- 常に学ぶ意思を持っている
- 困難に立ち向かう強い信念
- 迅速な危機管理ができる
- 自分の間違いを認める
- 辛抱強く待てる

コラム図１　リーダーに求められる資質

る態度、辛抱強く待つといった資質がリーダーには大切であると認識されています。

コラム4 リーダーシップ研究の流れ

少し堅苦しいかもしれませんが、コラム表1にリーダーシップに関する研究の流れを整理してみました。興味のある方は、参考にしていただければ幸いです。

コラム表１　リーダーシップ研究の流れ

研究方法	実施年代	分析の特徴	主要成果と課題
１）リーダーの資質・特性の分析	昔から検討されてきたが、1940年代から主要な成果が現れる。	優れたリーダーの個人的な資質や特性からリーダーシップを把握	◆歴史上の英雄・偉人の特性を評価 ◆個人の特性とリーダーシップとの関係性を統計分析で解明 ◆これまでの多様な成果を総合約に分析 課題 リーダーシップを先天的な資質として捉えることへの疑問
２）リーダーの行動を分析	1960年代以降	リーダーに求められる行動の一般的な特徴を明らかにしてリーダー育成を目指す	◆リーダーシップのスタイルを、仕事と人間関係、部下への対応、目的達成能力と組織の維持管理能力などから分類して、望ましいリーダーシップを整理 課題 リーダーシップの分類中心で、実践性に欠ける
３）状況に対応できるリーダーシップを分析	1960年代後半から	リーダーシップは組織の業務に従って変化するという考え方を採用	◆リーダーシップは、リーダーとフォロワーとの関係が大切。その関係に応じて、目的志向型、人間関係重視のリーダーが求められる。 ◆フォロワーの成熟度（動機と技能）に従って参加型、説得型、仕事支援型のリーダーシップが有効であることを整理。 課題 リーダーシップよりも、部下や仕事の特性、組織の特性が重要という結論が得られている研究成果がある。
４）リーダーとフォロワーの関係に関する新しいリーダーシップの分析方法	1980年代後半から	リーダーとフォロワーの多様な関係を評価してリーダーシップのあり方を整理	◆リーダーはフォロワーとの間に異なる一対一の関係を結ぶ ◆リーダーがフォロワーの目標達成に関するモチベーションを高めるように支援する ◆変革型リーダーシップ（ビジョン設定→フォロワーへのビジョンの伝達→ビジョン実現戦略構築→フォロワーの貢献を引き出す）の明確化 課題 具体的にはどのようなビジョンを策定するのが良いかについて、あいまいさが残る
５）リーダーシップの開発	1980年代後半から	リーダーが育った過程を分析して、リーダー育成の方法を探求する	◆リーダーを育成するには、これまでの自分を一変させるような「経験をさせる」ことが大切であるという考え方 ◆リーダーシップの資質・特性で整理されたリーダーの特性を経験から体得させる 課題 どのような経験をさせるか、またその効果はどのようなものなのかがあいまいである
６）リーダーシップに関する最新の研究	2000年以降	・リーダーが守るべきモラル、責任について探求 ・組織のグローバル化、ITの発達とリーダーシップについて探求	◆企業の不祥事、法令違反などが頻発し、リーダーのモラルが大きな問題となっている。これらの問題の発生を抑止するためには、強い価値観、内発的に学ぶ組織を作るためのリーダーシップ、利害関係者の要求に的確に応えるリーダーシップの重要性を提起。 ◆ITがつくり出したバーチャルチームのマネジメントにおけるリーダーの新たな管理・コミュニケーション能力の検討 ◆経営のグローバル化に伴う、異文化、異なる価値観を待ったフォロワーへの対応の仕方 課題 研究蓄積が少ない

第4章　3代にわたる篤農の心と技を継承し独自の農場経営を切り拓く

―たけもと農場・竹本彰吾さんの挑戦

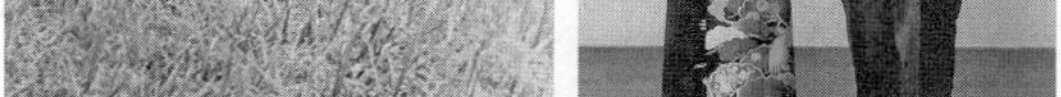

祖父→父→息子へと、篤農の心と技を繋ぐたけもと農場の伝統と革新のDNAを知る

1. はじめに

章頭の写真を見てほしい。石川県の米作の篤農家として有名な竹本一家のDNAを受け継ぐ３代の匠である。今回の主人公である新世代農業経営者・竹本《たけもと》彰吾《しょうご》さんには、10代続く農家である竹本家、特に米作日本一や天皇杯受賞に輝いた祖父平一さん、そして祖父平一さんが急逝して家を継ぎ有機農業やおいしい米作りに挑戦した父敏晴さんのDNAが連綿として流れている。周囲からの大きなプレッシャーの中で、米作の新たな未来、そして職業としての農業の魅力を発信していきたいという強い思いに突き動かされて、彰吾さんらしい新たな農業経営に挑戦している。

本章では、農業技術者、地域のリーダーとして大きな活躍をしてきた祖父、父のDNAをどのような形で受け継ぎ、彰吾さんらしい農業経営のスタイルを模索してきたか、そのプロセスを明らかにしてみたいと思う。また、父敏晴さんと息子彰吾さんとの間で実施された経営継承のやり方についても紹介したい。この２人の取り組みは、経営継承問題に悩んでいる全国の農家の大きな参考になると考える。

2. 家の農業経営の継承を決意した瞬間と父の戦略

祖父と父のチャレンジ

竹本彰吾さん（以下、彰吾さんと呼ぶ）は、１９８３年（昭和58年）生まれの37歳の若い農業経営者である。竹本家は、記録にある限り江戸時代中期の寛永時代から加賀地方の九谷焼で有名な寺井町

「耕稼春秋」(石川県立図書館所蔵)」

図4－1　石川県の篤農家の技を伝える耕稼春秋
出所：いしかわ農業総合支援機構
http://inz.jpn.org/koukajyuku/ 耕春秋

牛島（現：能美市）で自作農として農業を生業としてきた。祖父の平一さんは、米づくりに生涯を賭け、米作日本一（昭和40年）、天皇杯（昭和41年）等を受賞するなど、石川県を代表する篤農家であった。

石川県では、加賀藩時代から農家の勉学意識が高く、耕稼春秋（土屋又三郎1707年（宝永4年））、農事遺書（鹿野小四郎1709年（宝永6年））、私家農業談（宮永正運・1789年（寛政元年））等、著名な農書が江戸時代に発表されていた。平一さんも、『天皇杯の米づくり（1969）』、『大型稲作に賭ける：規模拡大の歩みとその技術（1974）』、『21世紀型稲作農業一農家の体験から（1984）』などを執筆し、第2次世界大戦後の米増産時代の石川県の稲作をリードしてきた。また、米作のオピニオンリーダーとなった平一さんは米価審議会の委員になるなど、多面的な活躍を続けていたが、62歳で急逝してしまう。彰吾さんの父である敏晴さんは、当初、「農業は継がないと思っていた」。高校進学時に父が米作日本一、天皇杯を受賞して有名になり、周辺の農家から農地を預かって経営規模が大きくなるとともに、敏晴さんは農業を継ぐことを考えざるを得なくなり、松任農業高校から石川県農業短大に進学した。当時、稲作は機械化、規模拡大路線に突入していた。竹本家でも敏晴さんが就農（1974

年）以降、規模が急激に拡大し、父が死去する１９８３年時点では16ha前後に達していた。カリスマ農家である平一さんを信頼して農地を預けてくれていた農家が、経営主が敏晴さんに代わっても継続して農地を貸してくれるかどうか不安であり、平一さんの葬儀の翌日にはお母さんと共に全ての地主さんを訪ねて、継続して貸してもらえるようにお願いをして歩いたという。しかし、「『平一さんだから安心して田を貸したんだよ』という地主さんの言葉は大きなプレッシャーになりましたね。どうしたら親の七光りを払拭できるか考えました」と当時を思い出して敏晴さんは語った。

その後、農家はもうからないという常識をいかに覆すか、父が借地した農地の分散をどのように解消するか、を考えて地域の圃場整備を率先して推進するとともに、産直などに取り組んでいった。平成5年には法人化に踏み切り、有限会社たけもと農場を設立した、その当時の経営耕地面積は25haを超えていた。生産する米については、産直に取り組むことで、収量よりも食味を追求することになった。「田んぼの地力を高めることが、おいしいお米作りへの第一歩だ」と考え、平一さんから受け継いだ土づくりを重視した米作りに取り組んだ。その基本は、①田んぼを深く耕す、②有機質肥料、馬糞堆肥、多様なミネラル成分の施用にあると考え、多様な成分を米が吸収できるような土づくりを実践した。

また、消費者の求めに応じて、有機ＪＡＳ認証米、減農薬栽培である特別栽培米にもいち早く取り組むとともに、乾燥方法にも工夫を凝らした。

彰吾さんを後継者にするための父の戦略

ここまでは祖父と父のチャレンジを述べてきた。地域の農地を集めて祖父以上の大規模経営を実

図４－２　息子の後継意識を確認するためにユニークなパフォーマンスを行った敏晴さん

出所：https://www.isico.or.jp/uploaded/attachment/1000587.pdff

現した敏晴さんにとって、息子がたけもと農場を継ぐか否かは極めて大きな問題であった。その問題を解決するためにとった敏晴さんの戦略的なパフォーマンスが実にユニークである。彰吾さんによれば「私は高校の時に家の農業を継ぐことは決めていました」というように、祖父、父のＤＮＡを受け継ごうと考えていたが、大学に行きたくて鳥取大学の教育地域科学部に進学した。「なぜ、農学部でなく、教育学部なのですか？」という筆者の質問に、「入りやすかったからです」と答えた彰吾さんであるが、敏晴さんにしてみれば、畑違いの遠くの大学の学部に息子を送り出すことに一抹の不安はあった。そのため、鳥取に向かう息子を呼んで、１年分の農業所得を１万円札で机に積み上げ、次のようなパフォーマンスを行った（図４-２）。

以下、彰吾さん談。

「父親から急に部屋に呼び出されたのですが、部屋に入るなり、今まで見たこともないような札束を見せられました。そして父親はこう言ったんです。『農家は一般的に儲からないと言われているが、もらうべきものはちゃんともらってるんだ』と。さらに、父親はこう続けました。『農家は田んぼに行って作業するだけが全てではない。農薬や肥料を販売してくれる農協、農地を貸してくれる地主さん、そして同じ志を持った農家の仲間、そして何よりたけもと農場を支えてくれている１０００名を超えるお客さんがいる。そして彼ら全員がたけもと農場に期待しているので、その期待に応えていかなければならない』と」

「最初札束を見せられた時はびっくりしたのですが、農家はお金を稼ぐだけではなく、どれだけ社会に応えることができるかが大切なのだという点に感銘を受け、『農業を継ごう』と決意したのです。そして大学を卒業後、２００５年に父親のもとで就農をしました」

このカッコよすぎる彰吾さんの談話の真偽を確かめるべく、筆者は敏晴さんの一世一代のパフォーマンスについて次のような失礼な質問を敏晴さんに行った。「よく１０００万円近いお金を集めましたね。また、息子さんが農業を継ぐことにそんなに不安がありましたか?」と質問した。「お金はたまたま年末でお米の販売代金がありました。また、親父として息子の本心を知りたかったので、パフォーマンスを考えました」という答えが返ってきた。何と素晴らしい親父かと筆者は感銘を受けた。

この一世一代のパフォーマンスが、たけもと農場親子3代の農業者のＤＮＡを繋げたのである。なお、鳥取大学に進学した彰吾さんは、石川県農業試験場出身の農学部の小林教授の研究室に入り浸り、農業経営、ＩＴ技術、そして地域づくりについて独自に勉強を深めていた。小林教授も敏晴さんとは旧知の間柄であった。

3. 経営継承までの取り組み

敏晴さんは、後継者として彰吾さんを獲得するためのパフォーマンスだけでなく、後継者としての能力を開発するにあたっても戦略的な取り組みを実践した。すなわち「経営継承10か年計画」の実践である。「父は私に対して就農する前から10年で代表を代わると約束してくれました」と語る。息子の成長やチャレンジを認めず、なかなかサイフを渡さない親が多い中で、10年でサイフを渡すと約束した敏晴さんの真意を聞いたところ、「10年たつと、自分も65歳となり年金生活になる。また、10年でものにならなければ、その後いつまでたっても不安で任せられない。そうした思いが10年で経営を譲るという宣言になりました。また、懇意にしていただいた農研機構の梅本先生のアドバイスとその後の指導があるので安心していました」との答えが返ってきた。

敏晴さん、彰吾さん、そして農研機構の梅本さんと山本さん、県の普及員、JA営農指導員が関わって作成された「たけもと農場経営継承10か年計画」は、10年を3段階に分けて彰吾さんがどのようにステップアップを図っていくかを示したものであり、その大きなフレームは、表4-1で示される。この計画に従って毎年の目標とアクションプランが示される。初期では、農場におけるすべてのオペレータ作業を経験するとともに、年間を通した全作業工程の理解・修得が次のように求められる。

1年目　農作業、技能の経験（主要な経営部門に関わるオペレータ実践、全作業を経験し、年間の作業の流れを把握したかが問われる）

2・3年目　オペレータ技術の向上、経営管理全領域図の作成、農地管理台帳作成、ホームペー

表４－１　たけもと農場経営継承10か年計画

計画ステージ	後継者年齢	父の年齢	社内の地位	修得項目	
初期	23〜25	55〜58	社員	基礎知識	経営管理
				基本技能	出資金積立
中期	26〜28	59〜61	役員就任	応用技能	
				経営者マインド	意思決定
				経営戦略	
後期	29〜32	62〜64	専務取締役	社長業を代行	
				財務	対外的交渉・交流
				経営戦略	

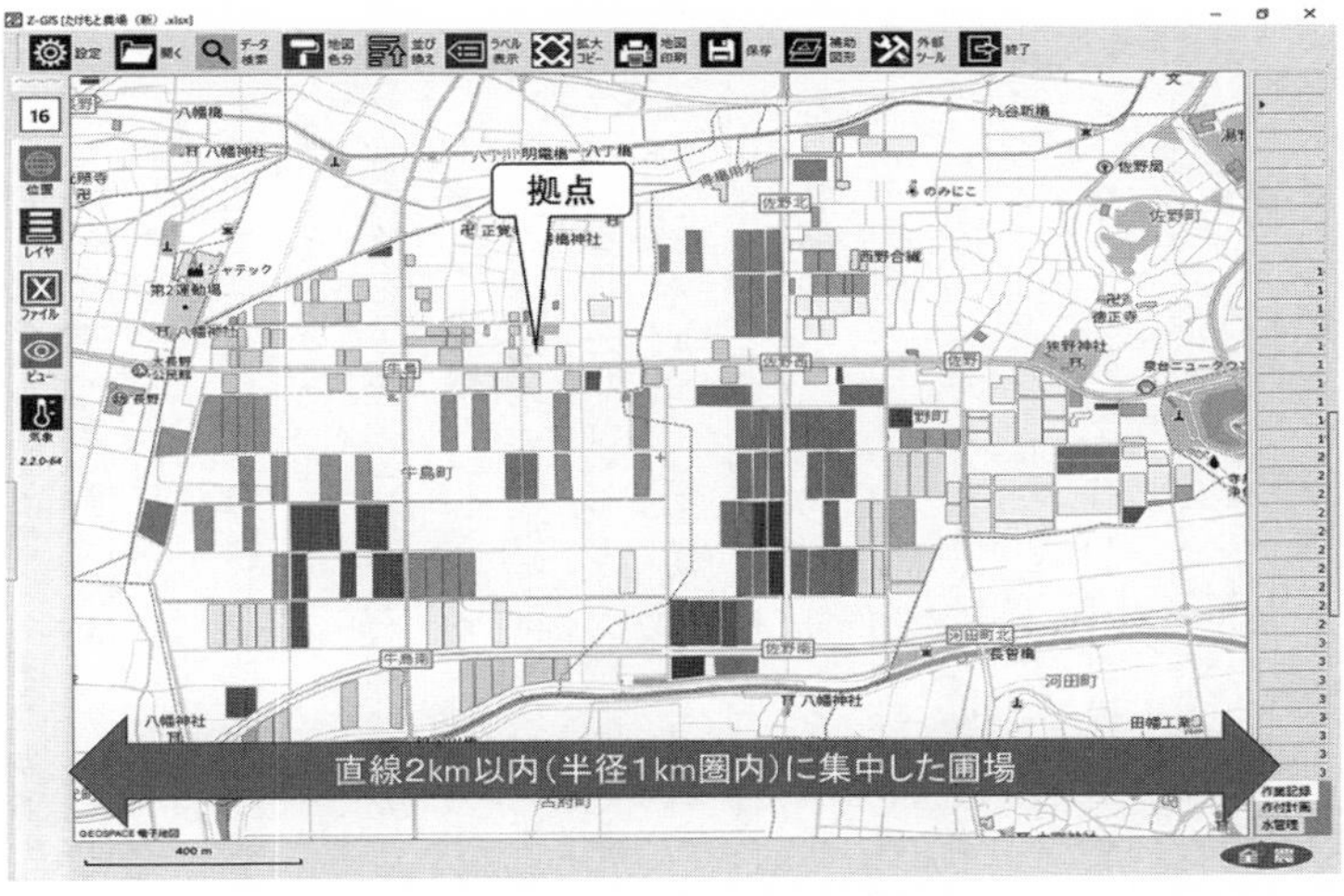

図４－３　たけもと農場の耕地

出所：竹本彰吾氏提供資料

図４－４　経営革新スキルアップコースでの勉強風景

出所：いしかわ農業総合支援機構　http://inz.jpn.org/koukajyuku/

ジの充実などが目標とされ、その実績が問われる。当時作成した農地台帳は、今も改良が施され活用されている（図4-3参照）。

中期では、初期で修得した技能・経験をさらに磨くとともに、経営者マインド、意思決定、経営戦略を学ぶ。これについて、彰吾さんは、いしかわ農業総合支援機構が主催する1年間の「いしかわ耕稼塾・経営革新スキルアップコース」に参加し新しいビジネス戦略づくりに必要な経営力や販売力を学んだ（図4-4）。また、石川県中小企業家同友会で自主的に経営計画・経営戦略作りを中小企業の経営者と一緒に学び経営能力を高めていった。初期段階では言われたことを着実にこなすことが課題であったが、中期では自主的に取り組むようになった。このような中で26歳で実践したのが後述するイタリア米の生産へのチャレンジであった。後期では、忙しい父に代わって積極的に社長業を代行し、財務管理、営業などをこなしていった。

その結果、計画通り10年目の平成29年1月1日に彰吾さんはたけもと農場の代表取締役に就任した。33歳の若い代表の誕生である。

このような計画的な経営継承の方法について彰吾さんは、次のように評価してくれた。「まず、第1のメリットはやることが明確に示されており、非常にやりやすかったですね。また、バトンタッチの時期が決められていたので、心の準備と必要な技術の修得ができました」父の敏晴さんは、「よちよち歩きの後継者をサポートできる体力があるうちに経営継承ができたのは非常に良かったと思います」と、また2人が口をそろえて強調したのは、「第3者を交えて取り組みを定期的にチェックできたことで、父と息子の感情的な衝突を回避できて非常に有効でした」ということであった。

4．新機軸への挑戦―イタリア米を作る

祖父のあくなき多収への挑戦、父の消費者ニーズに対応した有機農業や産直への挑戦という新機軸の追求を見て育った彰吾さんも、いつかは自分らしい商品、経営を作り上げたいと考えていた。そうした思いをもって取り組んだのが就農3年目に出会ったイタリア米であった。その時の状況を彰吾さんは、次のように語っている。

「イタリア米を作り始めたのは、今から8年前。金沢市のイタリア料理店のシェフとの出会いからでした。『一度にたくさん輸入するため、お米の味が落ちてくる』『お米の粒が小さいので、輸入の際に割れやすい』『輸入品のため高い』などの問題を聞き、『作ってくれると嬉しいのだが…』と

言われました」

チャレンジしてみようと思い立った彰吾さんではあるが、どのようにして作るか全くわからなかった。イタリア米の種子の輸入が難しいので、レストランのシェフを通して玄米を手に入れ、種子を生産した。次にどのような栽培法で生産するかであるが、イタリアでは主に直播で米が作られているが、たけもと農場では移植が主流であるため、移植での生産に取り組んだ。取り組みの苦労について、「イタリア米は草丈が150〜160cmと高く倒伏しやすかったですね。そのため、収量は360〜380kg/10aと低く、たけもと農場の主力品種であるコシヒカリの510〜540kg/10aと比べて150kgも低い。しかもカルナローリ米は精米工程で割れやすいため、精米工程を多くして品質を確保しました。また、その他の米の品種と混ざらないように、最新の注意を払って乾燥・精米をしました。できたイタリア米をもってシェフを訪ねたところ『本当に作ったんだ!』とびっくりされました」と語る。

イタリア米の平均販売価格は、通常の日本米の約3倍（白米で1俵3万円）と高いが、販売が軌道に乗ったのはイタリア食材専門問屋に600円/kgで販売できるようになってからである。ここでは、1kgパックでの販売が主力となっている。また、学生インターンが6次産業化プランナーの助言をもとに開発したイタリア米・カルナローリを使ったリゾットは、「アルデンテ」と呼ばれる芯の部分の歯ごたえを残したスープの旨味たっぷりの本格リゾットであり、家庭で簡単に作ることができる。800円/2人分で、本格的なイタリアレストランの味が楽しめる商品として、今後の販売の伸びが期待されている（図4-5）。

また、「子供にも安心して食べさせられるモノを」というコンセプトで開発されたのが、リゾッ

たけもと農場の
国産
カルナローリ
たけもと農場の国産カルナローリ（イタリア米）
オススメ
納得できるお米をお届け
30年産 お米 好評販売中！
カルナローリ種は、イタリアが起源のお米で、本場イタリアではリゾットのほか、サラダやドルチェにも使われています。
日本のお米よりも長く、一回り大きな粒が特徴です。
たけもと農場の国産カルナローリのふっくらとマイルドな味わいをぜひお試しください。
白米1kg ￥ 1,512（税込）
在庫あり
1 個
カートに入れる
白米300g ￥ 648（税込）
日本育ちのイタリア米
リゾット
mamma
マンマ
2人分

図４－５　たけもと農場のイタリア米とリゾット

出所：たけもと農場 HP より

ト専用イタリア米を使った、イタリア米グラノーラMAMMAである。うるち米の約2倍の大きさがあるイタリア米のポン菓子を使用し、黒糖をからめた商品である。その他にも、ココナッツや数種類のドライフルーツを味のアクセントにした商品も開発している。グルテンフリーなグラノーラとして注目される。

なお、現在、彰吾さんはパエリアに使用するスペイン米の生産にもチャレンジしている。

5. 経営改善への挑戦

代表取締役就任以降の彰吾さんの経営改善への挑戦は、目覚ましい。その第1は、イセキ農機・鳥取大学との可変施肥田植機開発に関するプロジェクトへの参加である（図4-6）。鳥取大学の担当教員は石川県農業試験場出身の森本教授であり、ここでも故郷のネットワークが活かされている。こうした実証試験に参加した効果を、「先端技術に触れて、農作業一つ一つに価値を持たせたい。圃場の1枚ごとのマップデータの解析結果を見て、親父が問題にしていた圃場の場所がデータでよくわかりました」と述べた。第2は、トヨタの豊作計画、カイゼンネットワークへの参加である。トヨタの改善については、石川県が県内の農業法人への導入を積極的に推進しており、その関係でたけもと農場にも導入の打診があり参加した。豊作計画は、スマホで簡単に営農データの入力が行え、それに基づいて、営農計画の作成（プランP）、計画の実行（ドゥーD）、実行結果の評価・検証（チェックC）、改善（アクションA）をサポートしてくれるシステムである。また、この豊作計画とともに、導入したのがトヨタ生産方式と呼ばれるカイゼン手法（小集団活用による現場改善）の導入である。カイゼンは、３～５人程度の少人数のグループごとに、職場における問題点や改善方法を日常的に実践する方法である。たけもと農場では週1回（毎週木曜日の朝）1時間程度実施している。カイゼンの導入によって種まきの小ロット化を実現した。具体的には、１２００枚×４回を7日間隔で実施していたが、２００～４００枚×13回にした。これによって徒長苗、老化苗を解消して苗の品質が向上、体の負担も軽減され、播種作業者も5人から3人に減らすことができた。しかし、一方で播種機の組立、片付けの作業が増え、次のカイゼンの課題になっている。

カイゼンの導入効果について、彰吾さんは図4-7のように整理している。ここでは、問題点を発見して社員が自主的に確実に実践するという効果を認識していることがわかる。

図４－６　可変施肥技術がもたらす圃場の見える化
出所：竹本彰吾氏プレゼン資料より抜粋

6. 現在の経営の到達点

これまで、たけもと農場の経営耕地や、経営の現状について詳しく説明しないできた。ここで、祖父平一さん、父敏晴さん、そして息子彰吾さんと、親子3代にわたって農のDNAを繋いできたたけもと農場の現状を見ておきたい。

現在の経営耕地面積は、47ha（7・5haは敏晴さんの所有地を法人で借地、水稲37ha、大麦8ha、大豆3haを生産）で、約100戸の農家から農地（全て水田）を借地している。借地料金は、7500円／10a。図4-3に示したように、農地は半径1km以内に集中している。圃場枚数は360筆、1枚の圃場面積は1~80aまで多様であるが、ほぼ30a区画が中心である。隣接圃場は合筆で区画を大きくしている。最大で250a区画の圃場がある。

米は銘柄・栽培法で区別すると、10タイプの作付けパターンで栽培している。主な販売商品は、

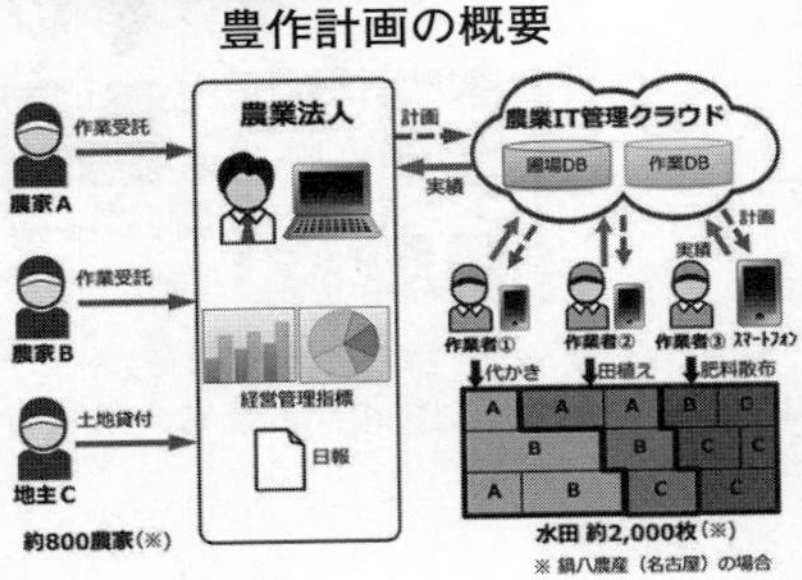

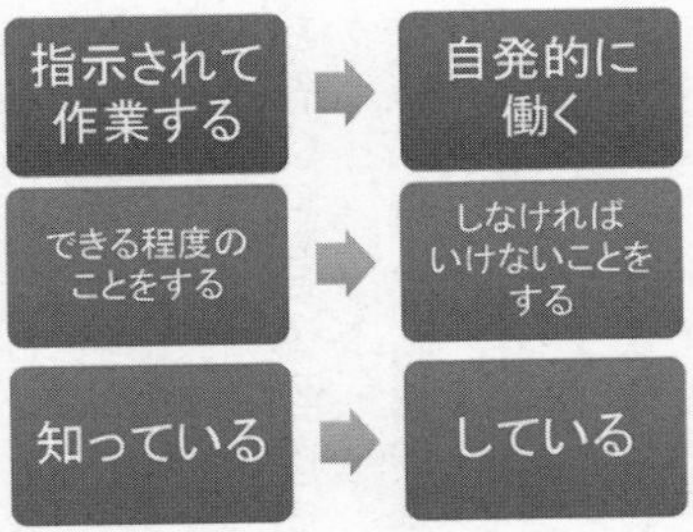

図4-7　トヨタの豊作計画とカイゼンの導入効果
出所：竹本彰吾氏プレゼン資料より抜粋

図４−８　たけもと農場のスタッフ

出所：http://gohantootomo.com/?mode=f6

有機ＪＡＳ認証コシヒカリ、農薬をつかわないコシヒカリ、特別栽培コシヒカリ、一般栽培コシヒカリ、ミルキークイーン、ひとめぼれ、ひゃくまん穀、カグラモチ、イタリア米、発芽玄米等、商品ラインナップは豊富である。また、それぞれの商品の販売量と主たる販売先は、以下のとおりである。

・特別栽培コシヒカリ　７００俵（個人ネット販売、外食弁当）
・一般栽培コシヒカリ　６００俵（飲食店）
・有機ＪＡＳ認証コシヒカリ　（個人ネット販売、兵庫県の学校給食）
・ヒトメボレ　２００俵（県内の米穀店）
・カグラモチ　１２０俵（県内の米卸）
・国産イタリア米　１２０俵（イタリア食材専門問屋）

スタッフは9名。正社員7名、アルバイト1名、現場改善（全農の元職員で事業継承を担当、倉庫の整理、土壌分析のサンプル作りを担当)。家族以外の正社員は4名ですべて男性(39歳12年目、44歳9年目、31歳8年目、33歳1年目)であり、定着している。従業員育成の基本方針は、「自ら考え、動く人になってほしい」であるが、組織としての営農の歴史が浅いため、人材育成の難しさを痛感している。トヨタのカイゼン方式を導入しているが、その本質の理解は難しいという。そのため、現場ベースで日々改善することを大切にしている。「経営者VS従業員」ではなく、「経営者×従業員」への転換が大切であり、「作業を行う本人達が問題意識を持ち、自発的・継続的に改善しようとする姿勢」を大切にする組織を目指している。また、彰吾さんは「たけもと農場に就職した人たちが、どんどん独立していって地域農業を支えてほしい」と考えている。

近年の販売額の推移は、以下のとおりであり、順調に伸びていることがわかる。

２００８年　売上　４８００万円　営業外収入　１３０万円
２０１３年　売上　５８００万円　営業外収入　１６０万円
２０１９年　売上　６５００万円　営業外収入　１２００万円

7. 経営のスタイルと若手農業者のリーダーとしての多様な活動の展開

経営のスタイル

彰吾さんには祖父平一さん、父敏晴さんのDNAが確実に流れている。その事について質問したところ、「祖父の名前はいまでもプレッシャーに感じています。また、父は理解ある人だと感謝しています。私以上に祖父のプレッシャーを受けながら、新しい稲作に挑戦した父をすごいと思います。私がイタリア米を作りたいといった時も、チャレンジを評価してくれました」という答えが返ってきた。

また、無理な規模拡大をして夢中で働いていた時、「人には時間が限られている。その中で体を壊すな、家庭は壊すな、メンツは潰せ」と敏晴さんから言われた。「メンツは潰せ」の意味が分からなかったため敏晴さんに質問したところ「地域の雑用に振り回されるなという意味です。地域のことは私が一手に引き受けてやっています。経営については息子に渡した現在、意見は言いますが、判断は息子に任せています」という回答が返ってきた。「何と立派な親父」かと、敏晴さんと同世代の私は感動した。

彰吾さんは、経営理念を難しい言葉で語らず、自らの思いとして次のような言葉で表している。

その１　お米農家の喜びとたけもと農場のこだわり

・生き物である稲が育つ見守り、見届ける喜び
・食べてくれた方が、笑顔になる喜び　米づくりの苦労は、「うまい」「お米ありがとう」の一言ですっ飛ぶ
・消費者の要望や不安を積極的に取り除くような経営をしたい

その２　経営のスタイル

・経営計画を立てると、それが目的になり、目標が達成すると満足してしまう。経営計画はなくてもよい。経営計画は指標として、コストを把握していれば良い。その本音は、「数字にとらわれたくない」にあるという。
・大切にしている言葉は「やり方あり方」で、自分がどうありたいかを基準に考える。その真意

は、「父との間に根本的な違いがない」ので、自分を安心して主張できる。

・個性を持った経営が大切。「受け継ぐことは守ることではない。受け継いだ経営基盤をベースにベンチャーとして新しい仕事を創ることも視野に入れて継承」

・「人のための『恩返し農業』が自分のテーマ」 2014年（平成26年）に石川県で開催された担い手サミットで皇太子殿下（現：天皇陛下）に声をかけていただき、そうした機会を与えてもらったことに恩返しがしたいという。

・農業の魅力は、農産物が育っていくプロセスを自分で最初から最後まで見れるところだと思います。生命を自らの手で育てることが農業。

若手農業者のリーダーとしての多様な活動の展開

現在、彰吾さんは

アグリファンド石川（石川県の農家独自の勉強会組織の会長）

全国農業青年クラブ連絡協議会65代会長、現在は顧問

といった要職を歴任している。

アグリファンド石川は、石川県内の90件弱の農業者の自主的な勉強会組織で、「行政やＪＡのせいにする経営ではなく、自主自立な経営を目指す」というコンセプトに基づく組織である。しかし、これまでは講演会とその後の懇親会を主とする活動を展開していた。彰吾さんは、「10人の組織で、2人はすごく働く、6人はいるだけ、2人はじゃまな人間」という組織論の言葉に触発されて、能登、金沢、加賀と3地区に分けてそれぞれ独自の小グループでの勉強会組織を立ち上げて組

図４－９　日本農業の未来を切り拓く４Ｈクラブの仲間
出所：全国農業青年クラブ連絡協議会 HP より、https://zenkyo4h.com/

織の活性化を図った。その結果、３地区では次のような勉強会組織が立ち上がり活動を展開している。

　能登地区　ＧＡＰによる経営改善
　金沢地区　営農管理ソフトの検証
　加賀地区　経営継承

また、全国の４Ｈクラブの会長になった時の抱負を「全国４Ｈクラブ１３０００人のリーダーに聞く」https://producer.pocket-marche.com/posts/4898179/ から要約してみた。

「石川県の４Ｈクラブの会長を1年間勤めた後、全国農業青年クラブ連絡協議会（全協）の執行部から「全協の副会長をやってみないか」と言われました。これまで現場から全協という組織をみてきて、「変えてみたい」と思うこともあり、そのお誘いを受けることにしました。副会長として情報の透明化、すなわち全協で議論していることを各都道府県の会員の方に見えるように努力しました。具体的には、４Ｈクラブ会員専用のFacebook グループを作り、そのグループで議論の過程を公開することで、情報の透明化を図りました。

２０１８年の6月の総会で全協の会長に任命されました。これからは「農業をなりたい職業Ｎｏ・１に」を目標に掲げ活動していきたいと思っています。そのためには、農家として行なっていることに誇りを持って対外的に発信していく。これが一番大事だと思っています。農業の魅力は、農産物が育っていくプロセスを自分で最初から最後まで見れるところにあります。生命を自らの手で育てるのが農業。これほど素晴らしいことを行える職業は農業以外にないと本気で思っています。このリアルな情報を農家さんには発信していただきたいと思っているのです。Facebook でグループを新しく作るだけではなく、会員内でさらに透明性のある議論を行うために web 会議システムである Zoom を使って定例会を開催するなどの試みもはじめています」

地域と歩む　たけもと農場の未来

新世代農業経営者として、若くして様々なリーダーとしての業務をこなし、農業の在り方を考えてきた彰吾さんは、これまで父敏晴さんに任せていた地域との関係についても、敏晴さんとは異なる角度から新しい関係を築こうとしている。その行動様式を彰吾さんは、「接着剤となるキーマン」と表現している。農業と学生との接点、農業と子供との接点、農業とコラボしたい企業との接点、地域農業への人材派遣の接点、スマート農業など先端技術と農家との接点、農業と福祉との接点など、農業がもつ生産、環境保全、人間性回復、地域社会の維持等の様々な機能開発・利用に関わる様々な人々との接着剤になるためのキーマンになり、たけもと農場をそうした多様な人々があつまるプラットフォームにしたいと考えている。

祖父平一さん、父敏晴さんの農のＤＮＡは、確実に彰吾さんに受け継がれ新しい農を生み出す原動力になっていることを痛感した。

コラム表2　経営者特性の評価項目

	将来構想	意思決定	執行管理
信念をもつ態度	・野心＝身分不相応な望み ・使命感＝野心から生み出された任務遂行義務の心 ・理念＝こうあるべきという状態をしめす概念 ・信念＝信仰心に近い自信の心		
先見性のある態度	・直観力＝対象を瞬時に把握する能力 ・創造力＝過去の経験から新しい状態を考える能力 ・洞察力＝ものの本質を見抜く力 ・判断力、決断力＝不確実な状況のもとで判断・決断する能力		
その他の企業家精神	・危険をおかす能力＝失敗の可能性が高くても行動する態度 ・不連続的緊張を自らつくり出す力＝現状を打破して、新たなチャレンジをする力		
人間尊重の態度		・包容力＝相手を許容し理解する力 ・人間的魅力＝人間としての総合的な魅力・品格 ・倫理観、道徳的リーダーシップ＝自分の行為を良心、社会的価値観に一致させる	
科学的態度		・システム思考＝個々の現象を全体のシステムと関連付けて考える ・時間の有効利用＝時間の節約をたえず考える ・計数感覚＝経営について計量的な面を強く意識する	
その他の管理者特性		・統率力、リーダーシップ能力＝多くの人々を指揮し調整する能力 ・責任感＝任務の実践が全うできない場合にとるべき態度に関する思い ・連続的緊張に耐える力＝不安定な状況を長期間許容できる力	
強靭な肉体を重視する態度	・健康＝強靱な肉体を維持する力		
知識を重視する態度	・一般的知識＝企業外環境、企業内条件についての知識 ・好奇心＝新規なもの、未知なものに対する興味		

出所：清水龍瑩『経営者能力論』、1995、p66の表を加筆修正して作成。

コラム5
経営者の特性を評価する項目

コラム表2は、経営者特性の評価項目を整理したものです。これ以外にもあると思いますが、かなりの特性はカバーできていると思います。

コラム6 農業経営者の特性

コラム表3は、78人の農業所得１０００万円以上の農業経営者の特性をタイプ別に評価したものです。調査は、関連項目に対する同意度を5段階で評価したものです。この結果から、農業経営者をタイプ別にみた場合、次のような経営者特性が存在することが認められました。

①従業員を10人以上雇用、販売額が３０００万円以上の経営主は、多くの項目に対して高い評価を下しています。特に「信念・倫理観」「社会性」「包容力・人柄」「面倒見・親分肌」「責任感」「リーダーシップ」「部下を大切にする」「人間関係ネットワーク」が高く評価されています。販売額が３０００万円の経営者の評価も、ほぼ同様な評価です。

②創業者は、「野心・冒険心」「先見性・戦略性」「リーダーシップ」「人間関係ネットワーク」を高く評価し、チャレンジ精神やリーダーシップといった起業家精神の重要性を指摘しています。

③大学卒の農業経営者は多くの項目に高い評価を下しているが、なかでも「社会性」「計数感覚」については、他の経営タイプの経営者より、高い評価を下しています。

コラム表３　農業経営者の特性

	高い評価を下した農業経営者のタイプ				
信念・倫理観	従業員10人以上（4.4）	販売額3,000万円以上（4.2）	大学卒（4.2）	創業者以外（4.1）	
野心・冒険心	創業者（3.7）	施設園芸（3.6）	大学卒（3.6）	従業員10人以上（3.6）	
先見性・戦略性	大学卒（3.9）	従業員10人以上（3.9）	販売額3,000万円以上（3.8）	施設園芸（3.7）	創業者（3.7）
洞察・判断力	大学卒（3.9）	土地利用型経営（3.8）	従業員10人以上（3.8）	販売額3,000万円以上（3.7）	
社会性	大学卒（4.1）	従業員10人以上（4.1）	施設園芸（4.0）	大卒以外（4.0）	他産業従事経験（有）（4.0）
他人を信頼する	従業員10人以上（3.5）	土地利用型経営（3.4）	創業者（3.4）	大学卒（3.4）	販売額3,000万円以上（3.4）
包容力・人柄	従業員10人以上（4.3）	販売額3,000万円以上（4.1）	創業者以外（4.0）	大学卒（4.0）	
面倒見・親分肌	従業員10人以上（4.3）	大学卒（4.1）	販売額3,000万円以上（4.1）		
責任感	従業員10人以上（4.4）	販売額3,000万円以上（4.2）	複合経営他（4.1）	大学卒（4.0）	
リーダーシップ	創業者（4.3）	大学卒（4.3）	従業員10人以上（4.3）	販売額3,000万円以上（4.3）	
計数感覚	大学卒（3.9）	複合経営他（3.8）	50歳未満（3.8）	従業員10人以上（3.8）	創業者以外（3.8）
体力と健康管理	創業者以外（3.3）	大学卒（3.3）	従業員10人以上（3.3）		
時間利用	施設園芸（3.8）	50歳未満（3.7）	創業者（3.7）	他産業従事経験（有）（3.7）	販売額3,000万円未満（3.7）
部下を大切にする	従業員10人以上（4.1）	施設園芸（3.9）	50歳未満（3.9）	大学卒（3.9）	
人間関係ネットワーク	従業員10人以上（4.1）	創業者（4.0）			
危機経験	施設園芸（3.7）	大学卒（3.6）	他産業従事経験（有）（3.5）	従業員10人以上（3.5）	

注：カッコの中の数値は５段階評価の平均値である。

第5章　農業界のスーパースターとなり、多くの子供たちの目を農業に向けさせたい
―ねぎびとカンパニー清水　寅《つよし》さんの挑戦

ねぎを極め農業界に新風を吹き込む清水　寅さん

日本一のサラリーマンを目指し、20代で７社の社長を歴任。その後、脱サラ、2011年より山形県天童市にてねぎ農家を始める。様々な苦難を乗り越え、2017年に糖度21.6度の驚異のねぎを創り上げてブランド化に成功。日本農業の革命児を目指す

1. はじめに

筆者はこれまで、数多くの素晴らしい農業経営者の方々と出会い、その経営を調査するとともに、人物像についてもインタビューしてきた。しかし、本章で紹介するねぎびとカンパニー株式会社の代表取締役・清水寅《しみずつよし》さんほどユニークで活動的で、自由かつ大胆な発想をもった人に出会ったことはない。第1回目に出会った時は、「いわてアグリフロンティアスクール」の受講生の現地研修で「ねぎびとカンパニー」を訪問し、独演会とも言うべき清水さんの話を聞き、もう一度じっくりと話がしたくなった。すぐにアポイントを取り、2回目の訪問を行い、じっくりと話を聞くことができた。こうした2回の訪問調査で、果たして清水さんを正しく理解して読者の皆様にお伝えできるかどうか不安があったが、私にとってもチャレンジであると思い、執筆を試みた。

ここでは、まずは清水さんという人間そのものを理解するとともに、大会社の社長から農業での起業の経緯、ねぎ生産へのこだわり、を整理しながら、清水さんが持つ多様なリーダーシップの特徴を「経営理念・信条のリーダーシップ」「技術のリーダーシップ」「経営管理のリーダーシップ」「販売のリーダーシップ」として整理し、経営者としての清水さんのリーダーシップの全貌を明らかにすることを試みたい。

2. 略歴とリーダーシップの源泉

ねぎびとカンパニー代表取締役・清水寅さんは、1980年に長崎市で生まれ、高校まで長崎で過ごした。高校までの清水さんはスポーツ万能で体操、卓球では国体に出場し、素晴らしい成績を挙げてきた。また、これらの部活では、いずれもキャプテンを任されており、リーダーとしての資質を部活の顧問から認められていた。しかし、あまりにもスポーツにのめりこみ、高校卒業後は目標を失い、就職せず、しばらくアルバイトなどをしながらブラブラしていた。そうした清水さんを見かねた親友から就職を勧められ、東京都内に本社がある金融・ホテル・ゴルフ場等の多様なビジネスを展開する会社に就職した。「何事にも1番でなければ気が済まない。そのためには他人の2倍、3倍努力する」「探求心が強く、問題があればその原因を徹底的に追及する」「絶対にできないと言わない」という気質を持った清水さんは、25歳の時に金融部門で営業成績トップに立った。清水さんのやる気、責任感、強い探求心と問題解決能力を見抜いた社長は、従業員1600人のグループ会社7社の代表取締役に清水さんを抜擢した。若干25歳の青年社長の誕生である。「社長の仕事は、いかに無駄を省いて収益を上げて会社の持続性を確保するかである。そのため1円単位で無駄を発見して、その解消のための方法の発見に努めました。おかげで、悪いところを発見して改善するという仕事の癖がつきました」と語る。

3. 農業へのチャレンジ

そのきっかけ

青年社長として辣腕を振るい、会社の経営改善を次々と実践してきた清水さんであったが、30歳（2010年）で社長業をやめ、妻の故郷・山形県天童市で新規就農することを決意した。きっかけは、妻方の親戚の農協職員の方から、「農業が元気ないんだよ!」の一言であったという。「会社の経営改善のようにやれば、農業でも安定した収益を確保し、農業を元気にすることができるだろう」と軽く考えて新規就農を決意した。しかし、筆者には大会社の社長から農業への転職の理由がなかなか納得できなかった。そのため、何度も転職の本音を訪ねた結果、「自分は雇われ社長であり、どんなに頑張っても企業のオーナー、株主にはなれなかった。自分で会社を起業し、真の社長になりたかった。そのため、以前から歌舞伎町で働く人たちに弁当を届ける仕事での起業を考えていた。そうした時にたまたま元気がない農業の話を聞いたので起業を決断した」と語ってくれた。

挫折した就農1年目の挑戦

難しい会社の経営改善を次々と成功させてきた清水さんは、「農業でも成功する自信があった」という。そのため、まず山形県立農業大学校の新規就農研修コースに参加した。この間にどのような作物の生産にチャレンジするかを考えた。山形を代表する米やサクランボの生産では、絶対に日本一になれないと考え、最終的にはねぎ生産に挑戦することを決断した。そして、農業大学校の研修終了後に天童市内のねぎの篤農家に弟子入りするとともに、1haの畑を借りてねぎ生産に自信満々でチャレンジした。しかし、その自信は、見事に打ち砕かれた。1haのねぎ生産は雑草との闘いであった。特に清水さんが借りた畑は条件が悪い有休畑が多く、雑草の発生がひどかった。毎日朝4時半から雑草を手で抜く作業に追われた。

何事にも徹底的に仕事をする性格の清水さんであったが、ねぎ栽培の技術を十分に習得することなく、雑草防除を軽視してしまい、手で雑草を抜くという作業に連日追われ、何度も畑で涙を流したという。その結果、左手の親指を疲労骨折してしまった。この1年目のつらい失敗経験がトラウマとなり、その後の経営の原点となっている。

日本一のねぎ農家になることを決意し、2年目で実現

スポーツでもビジネスでも常に1番になることを目指して行動してきた清水さんは、新規就農時に「3年以内に日本一のねぎ農家になる」ことを決意した。我々農業関係者の常識から判断すると、「なんと無謀な決意」となるが、常に1番を目指すのが行動の原動力であった清水さんには当然の決意であった。まず、日本一のねぎ農家といっても漠然としているので、「新規就農者でねぎの栽培面積日本一」を目指した。

この目標実現の最大のハードルは、ねぎを栽培する農地の確保である。周辺で遊休畑を探しては、貸してもらうために地権者との交渉の連続であったという。また、作業服やTシャツに「畑を貸してください」と印刷し、PRにつとめた。その結果、新規就農1年目にねぎの栽培面積は2・7ha、2年目には5・4haとなり、目標より1年早く新規就農者のねぎ栽培面積日本一になった。まさに、有言実行の経営者である。

その後の経営展開プロセスと現状

その後も、借地によりねぎの栽培面積を拡大していき、現在の借地面積は14haに達している。経営効率の維持という視点から、畑を借りるための条件は次のように設定した。①1枚の圃場面積が50aを超えないこと、②事務所から車で15分以内に畑に行けること、③水田は借りない、である。

１枚の圃場面積が50ａを超えると、作業効率が極端に悪化するという。作業者が日々の作業の進捗状況を実感できる（作業の達成感）面積が望ましいという。また、水はけの悪い水田はねぎの生育に望ましくないと判断している。借地は10年契約で農業委員会で定められた金額（２０１９年度は10ａ当たり７０００円）の地代を払っている。現在、80筆の畑を借地している。

２０１４年9月には「ねぎびとカンパニー株式会社」を設立した。

▼現在（２０１８年）の経営状況

・借地畑の面積は14ha（ねぎ栽培面積10・５ha）
・ねぎの出荷箱数は５～５・５万ケース（すべて直売）
・２０１８年の売上高は1億５０００万円
・２０１９年の売上目標は2億円で、10ａ当たり売上１５０万円（目標１８０万円）
・冷凍餃子加工品（寅ちゃん餃子）をネット販売（ねぎ使用料約1トン）
・限定商品　モナリザ（1本1万円で３５０万本の中から10～20本選抜して注文販売）トップブランドづくりを目指した商品
・寅ちゃんねぎ　10本入り３０００円（注文販売）
・真のねぎ（贈答用最高級ブランド）　10本入り1万円（注文販売）

その他にも、ねぎま専用・すき焼き専用ねぎ等、多様な商品を開発している（図5-1）。なお、価格は全て税抜き価格である。

▼販売先

・５万ケースの内、２５０ケースが県内で、その他はすべて県外の百貨店、大手スーパー（約

図5－1　ねぎびとカンパニーのねぎ畑と太いねぎの生産

６００店舗）へ出荷

・なお、贈答用ねぎは自社Webで販売しているが、「ねぎを単品で購入するお客様はまだ少ない。ねぎが食材の主役にならないと販売量の増加につながらない」と判断している。

▼多方面での活躍

農業経営だけにとどまることなく、清水さんの活動の幅は次のように広い。イベントプロデュース、シンガーソングライターとの連携、ＹＢＣ山形放送（ラジオ番組）のプロデュースと出演、葱煮の提案、スマホLINEスタンプ企画、ブログ、Facebook, Twitter等の情報をもとに「寅ちゃんの笑顔になれる本」を出版。

極めつけは、「**芸能人＝芸農人**」としての芸能プロダクションとの契約である。これについては、後述する。

なぜねぎを選んだのか、農業の面白さとは

「なぜ、ねぎを選んだのか？」という私の質問に、「理由なんてない。ねぎが好きだから。ねぎと遊ぶのが楽しいから」と単刀直入に回答。また、「味がわからないもので勝負できるのが面白い」とも答えてくれた。この回答の中に未知なるものを知ることに対する清水さんの興味があふれている。そういう清水さんだが、過去にはカリフラワーの生産に挑戦して全滅させた苦い経験もある。

清水さんは、「ねぎ生産の成功と失敗は、ねぎという植物、土、温度、水などの相互作用で決まる。そのため、あらゆる知識を総動員して対応する。そのための技術が必要であり、追及し甲斐がある。特に太いねぎを生産する技術は難しい。土づくりなど全ての技術が伴わないとねぎは太らな

い。そのために勉強の連続である」と語る。

また、農業の面白さについて次のように述べている。「農業の面白さは、問題点が多く改善のし甲斐があるところ。技術が進歩している作物と、そうでない作物の差が大きい。ねぎのようなマイナークロップでは、100年前と基本的な技術は変わっていない。しかし、神様が創造したねぎの育て方について、多分一生挑戦したとしても答えは出ない。どこまで近づくことができるか、楽しくて仕方がない。無限大のチャレンジができる」と述べる。

経済性を徹底的に追及する清水さんと、作物の神秘に近づこうとする清水さんの融合が面白い。

4．清水寅さんの多様なリーダーシップについて

ここでは、清水さんがもつ多様なリーダーシップについて考えてみたい。清水さんが日本一を目指してスポーツに打ち込んだ時代、「常に他人よりも2～3倍の努力をして人を引っ張っていく力がある」と部活の顧問は清水さんのリーダーシップを認め、どの部活でもキャプテンに指名してくれたという。また、企業で若年ながら社長に指名されたのも、その骨身を惜しまない努力と、「できない」と言わない精神を会長が認めたからである。清水さんの生き方そのものが、リーダーとして他人に認められる特質をもっていたといえよう。

ここでは、清水さんがもつリーダーシップを「経営理念・信条のリーダーシップ」「技術のリーダーシップ」「経営管理のリーダーシップ」「販売のリーダーシップ」に分けて考えてみたい。

経営理念・信条のリーダーシップ

現代の経営者でも松下幸之助、稲盛和夫等、経営哲学や理念について語り，多くの信奉者を得ている経営者もいる。しかし、農業経営者の場合、経営理念や経営哲学、ビジネスマインドを整理して述べる経営者は極めて少ない。そうした中で、経営者としての信条を素直に述べる清水さんは異色である。経営哲学・経営理念など堅苦しい言葉でなく、清水さんが会社経営のリーダーとして、その時々で感じたことを文字にして残している。これらの清水語録から、清水さんのリーダーシップを浮かび上がらせることができるであろう。

「農業界の発展にはスーパースターが必要」―スーパースターに憧れて農業への参入を夢みる人を増やすことが必要。

「世界一小さい自社を世界一楽しい会社にする」―農業は３Ｋ職場というイメージを払拭することが大切。そのために、お洒落なユニホームを創る、厳しい天候の時は休む、能率の悪い仕事はしない、社員の都合に合わせた勤務時間等、を工夫する。

「葱から愛される人になりたい」―自らを初代葱師という名前で呼ぶ理由

「心通わないものにこそ、心を通わせる」―責任をもって育てさせていただく感謝と愛情を示す

「されてうれしいことをやり続ける」―あいさつや感謝の言葉を大切にする

「農業にまぐれはない」―まぐれでは農業はできない。確かな計算と適切な管理が大切

「努力の種はいつか必ず花を咲かせる」―正しい努力をすれば作物は応えてくれる

「社員の給料を上げるのが私の趣味」―社員の給料を上げることは、適切な経営が行われていることの証

また、図5-2は、清水さんが7社の社長を務めていた時代に、書き留めていた経営信条である。このように、常に自分が日常の仕事を行う中で感じたことをこのような形で書き留めておくことにより、知らず知らずのうちに経営理念・信条が形成されていくのであろう。経営理念・経営哲学というと難しい専門書を読み、深い思索を経て構築するものだと考えている人がいれば、それは誤りである。日常の生活や仕事の中で感じた思いや感動の記録が、経営理念や経営哲学のバックボーンとなることを清水メモは示している。

また、図5-3の額は、清水さんの社長室に飾られているものであり、葱とともに一生歩むことの決意の表れである「初代葱師」として農に取り組むことを示している。

技術のリーダーシップ

雑草との闘いの中で左手の親指を疲労骨折し、悔し涙を畑で流したつらい経験から、清水さんの除草技術に対する探求心は人一倍強い。また、2Lを中心とした太いねぎの生産、ねぎの糖度を高めるための工夫、軟腐病を防ぐための対策等についても新たなチャレンジを次々に実践し、技術のリーダーシップを発揮している。篤農と呼ばれる農業者の技術が、長い試行錯誤の経験の中で蓄積されていくと考えるのが一般的であるが、若くて新規就農した清水さんには、今日の前にある問題を迅速に解決するために必要な技術を修得あるいは開発すると考えるのが当然の成り行きであった。

まず第1にチャレンジしたのが雑草の効率的な防除法の開発であった。そのため、ねぎの生育のメカニズム、雑草の生態とねぎとの生育競合、雑草を抑制できる栽培法、機械化の可能性を徹底的

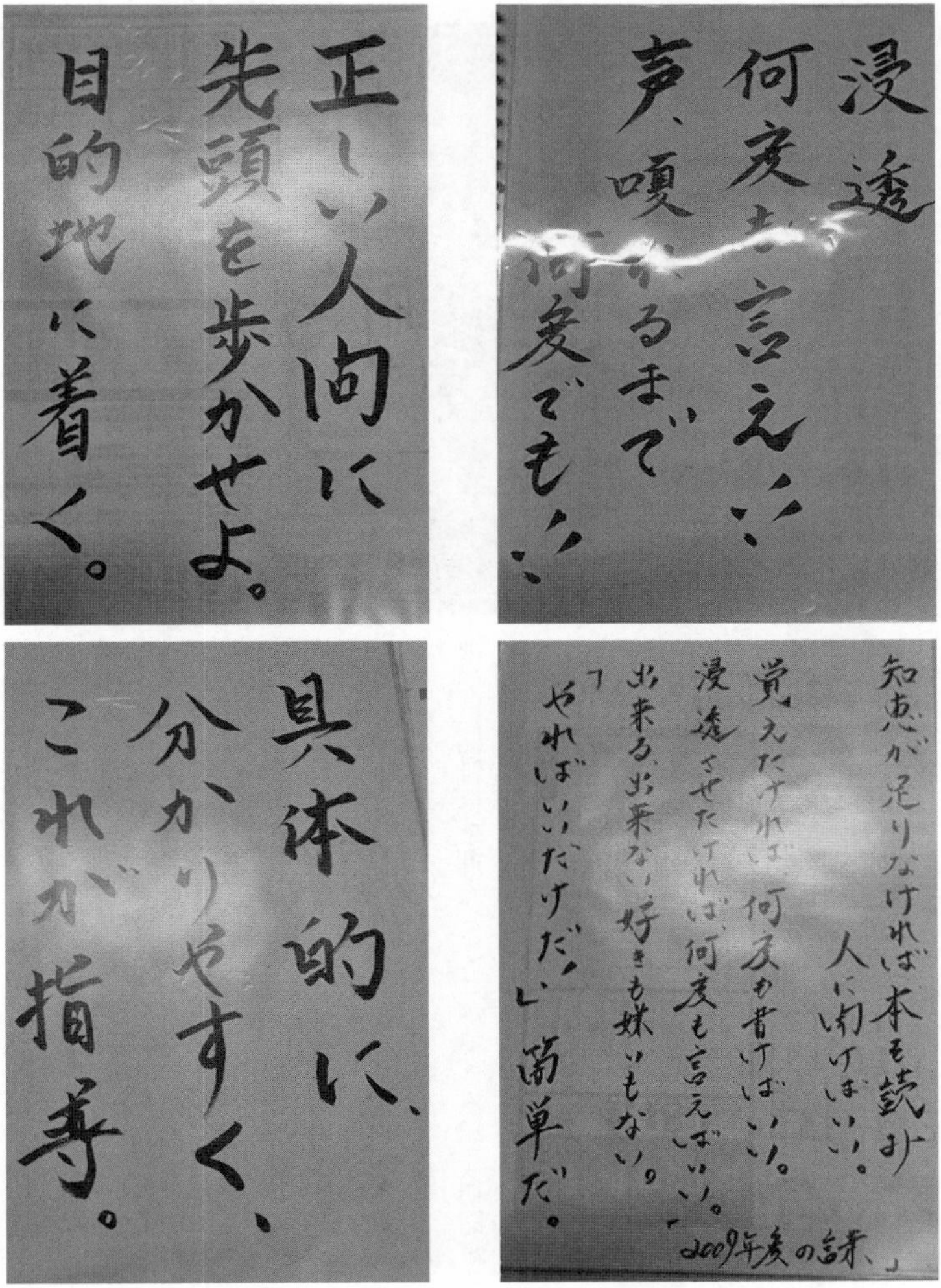

図5-2　清水さんの経営信条の記録

図5－3　初代葱師として農に取り組むことの決意を示した額

に勉強し、自らの圃場で試していった。その結果得た結論が、「発生した雑草を除草剤でたたくのではなく、雑草を発芽させないようにすれば良い」という結論である。そのため開発した技術の内容は、①鎮圧しない、②水を雑草の種に与えない、③トラクタをかけて雑草の発生を2～3日遅らせる、④足跡に雑草がよく発生するので、足跡を付けないように管理機をバックさせて播種する、これで初期雑草を抑えることができる、⑤初期雑草の発生さえ抑制できれば、後はねぎの成長で雑草の発生を抑制できる、というものである。

この技術を実践するための作業アタッチメントを農機具メーカーと共同で開発し、「耕耘方法、それに利用する農業機械用の耕耘アタッチメント、および、その耕耘アタッチメントが装着された農業機械」という名称で2019年4月25日に特許を取得した（図5－4）。

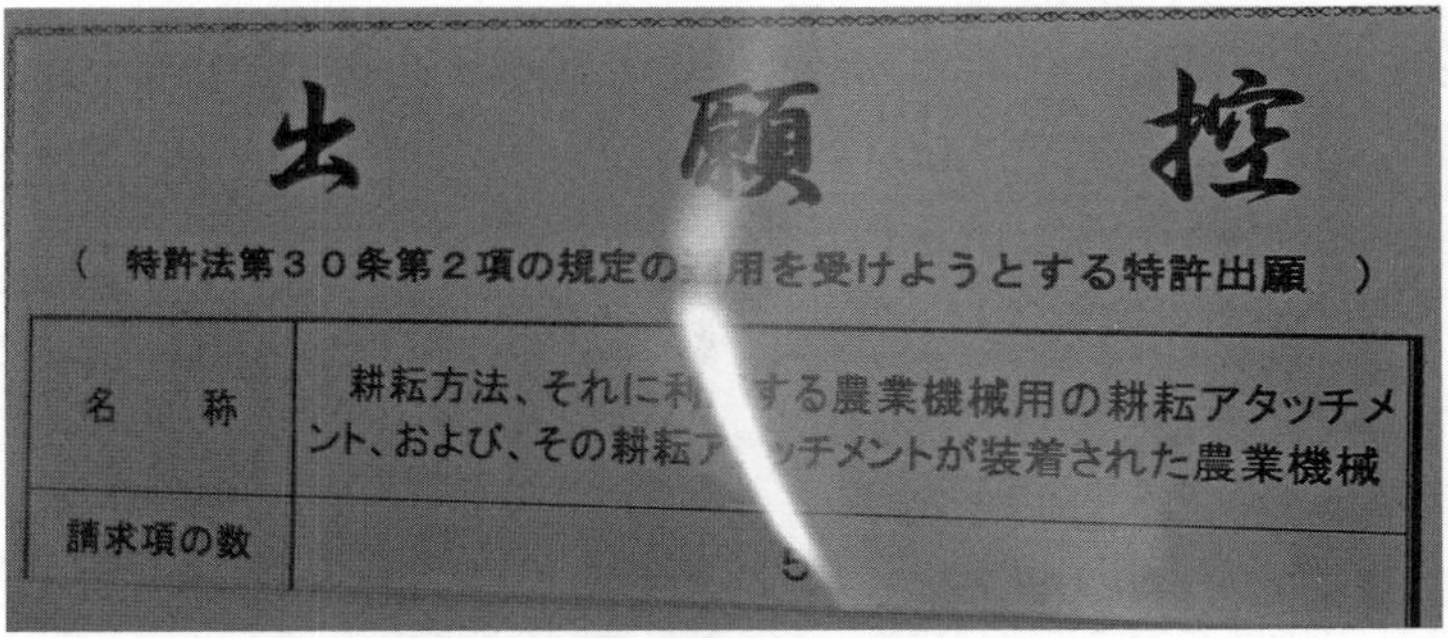

出　願　控

（特許法第３０条第２項の規定の[illegible]用を受けようとする特許出願）

名　称	耕耘方法、それに利[illegible]する農業機械用の耕耘アタッチメント、および、その耕耘ア[illegible]ッチメントが装着された農業機械
請求項の数	５

図５－４　特許を取得した雑草防除技術

また、「寅ちゃんねぎ」の特徴である2Lを中心とした太いねぎを生産するためには、葉を増やして光合成を高めることが重要であり、そのための土の掛け方を工夫した。さらに、おいしい、まずいという客観的な判断に関する適切な回答はないため、甘いねぎの生産を目指した。甘いねぎ、すなわち糖度の高いねぎを生産するためには、葉を増やす、土のミネラルを増やす、ねぎの炭水化物を増やすことと考え、独自の有機肥料の開発にチャレンジした。そして「動物性（魚フィッシュソリュブルを使用）＋米ぬか＋植物性肥料」の「寅ちゃんの超有機肥料」を開発した（図5-5）。

さらに、これは独自技術というよりも、ねぎの種子の発芽率のばらつきが経営上の大きな問題となったため、清水さんは10ａ分の苗を使って様々な種子の発芽実験を行い、発芽データを蓄積した。その結果、種苗メーカーの発芽試験のデータはあてにならないこと、同じメーカーの同じ種子でも発芽率に差が出ることが明らかになった。表5-1は、ねぎの播種、収穫率を計算したものである。播種しても収穫できるのは50％前後に過ぎず、発芽率を上げることがいかに経営にとって大切かを物語るバックデータとなっている。そのた

表5-1　ねぎの種子の発芽データ（収穫率）

（平成30年10ha 計算）

播種	3,484,800粒
収穫	1,738,818本
収穫率	49.80％

注：ねぎの発芽試験を自ら実施

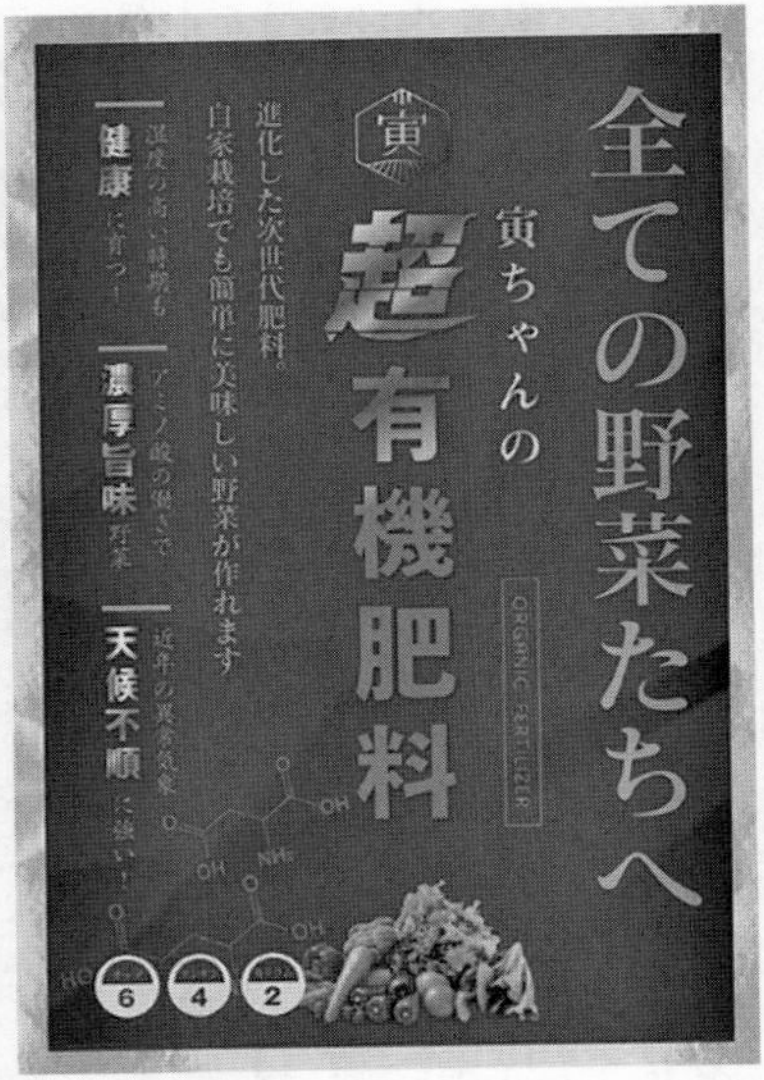

図5-5　独自開発した「寅ちゃんの超有機肥料」

出所：ねぎびとカンパニー HP より

め、蓄積した発芽実験データを種苗メーカーに提示し、発芽率の良い種苗を購入することを可能にした。また、ねぎの苗を生産する時に使用する覆土資材としては、乾燥しやすい赤玉を使用することでカビが生えないことを発見した。その後、周辺のねぎ農家で赤玉を覆土資材として使用することが一般化していった。

　このように清水さんのあくなき挑戦を続ける技術のリーダーシップは、次の考え方が原点となっている。

「農業はまだ1％も解明されていない。なぜなら農業は微生物学であり、微生物の世界はほとんど解明されていないから」

「農業ではだれもが認める作品（農産物）は完成しない。だから自分の作品を信じて追及を貫くことが大切」

「農業で自分を貫くために必要だったのは『負けを認める』こと。負けを認めて初めて『自由』を手にすることができて、いろんな挑戦ができた」

経営管理のリーダーシップ

清水さんの経営に対するリーダーシップの基本は、経営管理上の工夫を30年継続して実施した場合の効果を算出して従業員に示し、改善意欲を高めることにある。この方法は、農村復興の達人二宮尊徳の考え方（積小為大）、拡大再生産方式の考え方と全く共通するものである。この点について「清水さんの考え方は、二宮尊徳そのものですね」と言ったところ、「そんな人知らないよ」と一蹴された。まさに、清水さん独自の経営管理法といえよう。以下、清水さんの根本を流れる30年評価方式について整理する。

▼清水さんの労働哲学

若干25歳で7社の社長を務めた清水さんの労働哲学は、人の3倍働くである。表5-2は、一般人と社長（清水さん）の40年間の生涯労働時間を比較したものである。一般人は1日8時間×年間240日×40年＝7万6800時間（3200日）、清水社長は1日16時間×年間365日×40年＝26万2800時間（10950日）、その差は18万6000時間（7750日）と大きな差が生まれる。この差は、年間365日、24時間働いた場合で21年、年間240日8時間働いた場合で97年ととてつもない差になることを示している。こうした労働に対する価値観が清水さんの仕事の原動力となっており、全てにおいて生涯を見据えて真剣勝負で生きていることがわかる。

▼2L生産が有利な理由の発見（清水のねぎ2L理論）

ねぎの市場規格では、1箱にLなら45本、2Lは30本、Mは55本を詰める。Lは2Lの1・5倍

表5－2　清水さんと一般人の生涯労働時間の比較
生涯働く労働時間比較

①一般人　20～60歳　1日8時間
一般人　1日8時間×年間240日×40年
＝76,800時間（3,200日）

②社長　20～60歳　1日18時間
社長　1日18時間×年間365日×40年
＝262,800時間（10,950日）

差時間【②－①)】　186,000時間
差日数【②－①)】　7,750日
(年間365日24時間働いたとして21年差)
(年間240日8時間働いたとして97年差)

の量が入る。Lの本数は2Lの1・5倍だが、販売額は1・5倍にならない。しかも、太さに関わらずねぎ1本にかかる資材費、労力は同じである。こうした実態に疑問を持った清水さんが構築したのがねぎ2L理論である。その概要は、表5-3に示したとおりである。この表は、5haの圃場でねぎを生産し、2Lを30年間継続して作り続けた場合と、L、Mを作り続けた場合の人件費と売上高の差を計算したものである。2Lを生産した場合、1日300ケースを出荷すると仮定すると、2Lでは9000本、Lでは1万3500本、Mでは1万6500本のねぎを生産・出荷することになり、1日の人件費は、2L7万9200円、L12万円、M14万6400円となり、1年間1万5150日働くとして30年間では、2Lを作り続けた場合の人件費の節約は1億8360億円となる。

一方、Lを生産して販売した場合の1年間の売り上げは1ケース2000円として、約6770万円、2Lの場合はその1・5倍の1万160万円となる。30年では10億1700万円の販売額の増加になる。人件費の削減と販売額の増加を合わせると、Lと2Lを作り続けた場合、実に30年間で約12億円の差がでることが分かる。また、Lの生産を目標とした場合は、Mサイズのね

表5-3　清水さんのねぎ2L理論
ねぎ2L理論（5haで30年間2Lを作り続けた時の理論）

	本数	1日300ケース	人件費（20%）差額 1日	1年（150日）	30年	差額	売上差額 1年	30年	差額	合計差額
2L	30	9,000	79,200	11,880,000	356,400,000	183,600,000	101,600,000	3,048,000,000	1,017,000,000	1,200,600,000
L	45	13,500	120,000	18,000,000	540,000,000	0	67,700,000	2,031,000,000	0	0
M	55	16,500	146,400	21,960,000	658,800,000	-118,800,000	33,240,000	997,200,000	-1,033,800,000	-1,152,600,000

ぎが増加してさらに収益は悪化する。清水さんは「2Lサイズのねぎの生産は難しい。だから挑戦し甲斐がある。量を減らして単価を上げるのが私のねぎ生産の基本です」と胸を張る。

▼丁寧な管理が、いかにコストと労力を削減できるか（清水の2mの重み理論）

表5-4は、管理機を使用する場合、圃場の手前と奥を雑に作業した場合と、丁寧に作業した場合のコストと労働力の削減効果を示している。清水さんによれば、10haでは2009列の畝が必要となり、1畝の前後2mの距離の合計は8036mとなり、圃場にすると90アールに該当することを示している。

すなわち、雑に作業をした場合、90アールの草取り労働が余分にかかり、管理機を1回かけた場合268時間、5回かけると1340時間の労力がかかり、1時間当たりの時間単価を800円とした場合、管理機1回でも年間で21万4400円、5回かけると107万2000円の人件費が増加することを示している。

こうした計算から、丁寧で迅速な管理がいかに大切かを従業員に示している。

表5－4　清水理論：2mの重み

	面積計算		畝の列 （間隔0.9m）
1反歩	10a	10m×100m＝1,000㎡	9
10町歩	10ha	10m×10,000m＝100,000㎡	2,009

10ha 定植すると、2,009列となります。2,009列の手前2mと奥2mの距離の合計は、8,036mとなり、これは約9反歩に相当します。
管理機の手前・奥2mを雑に仕上げてしまい、全て草取りをした場合の人件費は、以下の通りとなります。

		草取り距離	かかる時間	人件費
管理機 1回あたり	1時間当たり	30m	1時間	800円
	総計	8,036m	268時間	214,400円
管理機5回実施の場合		40,180m	1,340時間	1,072.000円

手前・奥の2mをしっかりするだけで、これだけの人件費と時間を節約できます。
「これくらいいだろう」が、10ha になると、とんでもない事になります。
管理機、草取り、消毒は特にどれだけ全員が早く丁寧にできるかがポイントです。
全員がプロフェッショナルな仕事をする事が目標です。

▼効率を追求した柔軟な労働管理の実践

ねぎびとカンパニーでは、現在アルバイトを含めて40～45人の労働力を雇用している。そのうち正社員は13人である。作業時間は、始業は朝5時から、終業は夕方5時が基本であり、交代制で対応している。パート、アルバイト、シルバーは彼らの都合に合わせてフレックス労働を実施している。13時の出荷時間に合わせて、収穫・出荷作業を行う。外仕事は、アルバイトやシルバーが中心となるが、出荷調整作業は若者が担当する。社員には役割分担が決められ、作業目標や責任を持たせている。

1日当たり400ケースの皮むき・選別・箱詰め作業を50時間・労賃4万円（50時間×800円／時間）で実施する。そのため、皮むき作業については、効率を確保するため3時間交代制を採用している。その理由は、人間の集中力は3時間しか持たないという経験値に基づいている。

現在、ほとんどやめる人はいないが、将来の労働力確保の難しさを考えると8時間労働制をやめて4時間労働制にして、自由に働く時間を選んでもらえるようにすることを考えている。

▼今後の経営展開について

清水さんは、今後の経営展開については、いたずらに規模拡大路線を突き進むのではなく、いかに効率の良いねぎ生産経営を実現するかに重点を置いている。現在の大きな課題は、ねぎの敵ともいうべき土壌病害である軟腐病《なんぷびょう》への対策である。軟腐病への対策は「戦わないこと」と考え、ねぎ圃場を21haまで拡大して、圃場を7haずつ三つに分けて3年輪作で安定的に生産できる経営システムの確立を目指している。

収量を上げて1日当たりの販売量を100ケース増加させ、販売単価も1ケース200円アップを目指す。輪作体系の導入で収量と品質の向上は可能であると判断している。

また、ねぎの加工食品として開発した寅ちゃん餃子もスーパーの惣菜として販売を大きく拡大する計画である。なお、全国のホームセンター向けにねぎの苗の販売も計画している。常にとどまることを知らない清水さんの挑戦は予測が難しいが、必ず実現させていく情熱、エネルギー、そして確かな経営計算で実現の可能性は限りなく高い。

販売のリーダーシップ

販売については、新規就農1年目は農協出荷も行ったが、出荷規格が厳しく集出荷コストがかかる農協出荷では、高い収益性を実現することができないと考えた清水さんは、営業マン時代の経験を活かして直接販売することに挑戦した。しかし、安売りすることはせず、1ケース最低でも2000円以上でスーパーマーケットに販売した。2000円で販売しても農協販売よりも500円／ケース高く、出荷コストも抑えることができる。

年間5万ケースの販売のうち、県内出荷は250ケースで、残りはすべて県外出荷である。販売先は40社に及び、全て清水さんが開拓した。いなげや、伊勢丹、紀伊国屋、オークワ、ユニー等百貨店及びスーパーに納品するとともに、青果の有名な中卸会社にも販売している。

また、食材としては脇役で味に個性が少ないねぎのブランド化に取り組んだ点も常識にとらわれずにチャレンジする清水さんらしい。そのためにねぎのおいしさ、甘さを追求し、2015年に糖度19・5度、2017年に21・6度のねぎを作り上げた。果物で甘いとされるブドウの糖度が17度、メロン14度、イチゴ13度と比較しても清水さんのねぎの糖度がいかに高いかがわかる。

味に自信を深めた清水さんは、インターネット販売事業を立ち上げ、以下の3タイプのブランドねぎを販売した(図5-6)。

「寅ちゃんねぎ」　10本入り3000円

「真の葱」　販売数(1日限定10箱まで)　1箱あたり8~10本入り1箱1万円

「モナリザ」　350万本の中から数本のみ取れる奇跡のねぎ　寅ちゃんねぎ・真のねぎよりもさらに太く、そして美しい葱のみを初代葱師である清水さんが厳選して選抜。販売数先着10名予定、

内容量1本1万円　　＊価格はすべて税抜

このようなブランドねぎの販売について、清水さんは次の様に語ってくれた。「これらのブランドねぎが販売の主流になることはないが、これだけのものを作れるという葱師のプライド、永遠に続くねぎとの語らいの楽しさ、ねぎびとカンパニーで生産するねぎの評価の底上げ等、ブランド作りの効果は大きい。また、私がねぎと楽しく遊ぶためにもブランド葱づくりは大切です」

また、ねぎを入れた冷凍餃子の生産・販売も最近始めている。県外の大手加工メーカー1社と契約し、ＯＥＭで冷凍餃子を加工してもらっている。ねぎの消費量としては1トン位とまだ少なく、現在はネット販売を中心にしているが、将来はスーパーの総菜としての販売を計画している。贈答用ねぎのインターネット販売の難しさについては、「ねぎを単品で購入する消費者は少ない。今後、

図5－6　ブランド葱（上からモナリザのイメージ図、寅ちゃんねぎ、真の葱）
出所：ねぎびとカンパニーHPより

どのような販売戦略をとるか検討中です」と述べている。

5. 今後のチャレンジについて

理想の葱を死ぬまで作り続ける

清水さんは、自らを「初代葱師」と呼び、ねぎに全人生を賭ける決意をもっている。お洒落なねぎびとカンパニーのパンフレットに記された清水さんのねぎ作りへの思いは、次のように整理されている。

「誰も作れない〝葱〟を創り、それを誰でも作れる〝世界〟を創る。そして自分でも説明できない〝芸術〟を創りたい」

「時代を創ってきたのは必ずしも専門家ではない。高い志と熱い情熱だ！」

「私は理想の葱を死ぬまで創り続けるが、完成させぬまま死にたい。生まれ変わっても、また葱を創るために」

農業界のスーパースターになり、夢のある農業を創る

清水さんの農業のチャレンジには、「楽しい農業をする」ことが原点になっている。「農業者が楽しく笑顔で作った野菜は、料理をする人も食べる人も笑顔にする」という考えで楽しい農業にチャレンジする清水さんは、「農業界のスーパースターを目指す」と志は大きい。「野球のイチローや大谷のようなスーパースターがいるからプロ野球選手を目指す子供たちが沢山いる」「甲子園がある

から高校球児は、厳しい練習にも耐える」「農業界にスーパースターが出現すれば、農業を目指す子供たちが増える。そのために自分ができることは何かを常に考えている」「農業界のスーパースターになるために第1号の芸〝農〟人になった」と清水さんは言う。

そのため、清水さんの活動の幅は、ねぎ生産だけにとどまらず、イベントのプロデュース、ラジオ番組のプロデュースと出演、ブログ、Facebook, Twitter での情報発信をし続けている。また、小学校の農業教育に積極的に協力するとともに、農業を小学校の部活に導入したいと考えている。スポーツなどの部活と同様に、農業が部活になることによって農業界のスーパースターを目指す子供たちが現れる。そしてこの子供たちの意欲を高め、農業技術・販売・加工に対するレベル向上のためには、甲子園ならぬ「農子園」が必要だという。「このようなイベントを電通といった一流の企業が仕掛けてくれれば、夢物語ではなくなる」とインタビューを結んだ。

コラム7 評価が高い経営者の特性

コラム表4は、農業経営者と企業経営者のいずれもが、高い同意度を示した経営者特性です。最も同意度が高いのは「経営者には明確な理念や夢が必要である」であり、農業経営者と企業経営者のいずれも最も高い評価を示しています。次に同意度が高いのは、「企業の生存には地域住民の支援が必要」「環境問題への対応は企業の将来を左右する」「企業は社会発展に貢献すべき」であり、経営者として明確な理念の必要性、ならびに企業としての環境問題を主とする社会貢献の重要性を強く認識していることがわかります。

また、経営者として「失敗を恐れない態度」「革新的な技術の開発」「常に組織や仕事を見直す」といった創造的かつ積極的な経営姿勢に対する同意度も高く評価されています。さらに、「部下や仲間の意見を聞く」「従業員の責任を自らとる」「従業員の待遇改善のための努力」といった部下や従業員に対する対応についても多くの経営者が高い同意を示しています。その他としては、「情報収集の重要性」「会合への参加」によって多くの情報を獲得するとともに、人間関係や情報のネットワークを形成することの重要性を高く評価しています。

コラム表４　同意度が高い経営者特性

評価した経営者特性	農業経営者	企業経営者
回答者数	78人	26人
企業の生存には地域住民の支援が必要	4.4	4.5
経営者には明確な理念や夢が必要である	4.5	4.9
地域（社会）の発展に貢献すべきである	4.2	4.5
環境問題への対応は企業の将来を左右する	4.3	4.6
失敗を恐れていては経営は発展しない	4.0	4.0
経営発展には革新的な技術の開発が必要	4.1	4.4
部下や仲間の意見を聞く努力をしている	4.0	4.1
困った時は見返りを期待しないで助ける	4.4	4.1
従業員の仕事上の失敗の責任は自分がとる	4.1	4.1
常に経営や作業を見直す	4.3	4.4
多くの情報を集めて意思決定する	4.0	4.0
農業情報（大切な数字）は集めている	4.2	4.0
従業員の待遇改善に努力している	4.0	4.3
仲間や地域（同業者）の会合にはよく参加している	4.3	4.0
挫折や失敗は人間を大きく変える	4.3	4.3

出所：筆者調査
注：数値は５段階評価の平均値である。

第6章　ぶどう農家から石川県を代表する食農ビジネス経営者への転身を図った
――ぶどうの木・本《もと》　昌康さんの挑戦

「ようこそぶどうの木へ」というお客様への感謝の気持ちが、「もっとお客様の喜ぶ顔が見たい」「従業員を喜ばせたい」「社会に貢献したい」の気持ちにつながり、様々なぶどうの木のビジネスを生み出している。その原点には、フィロソフィと採算という２つの手のバランスがとれた手の長いヤジロベエのような人材を育てるのが経営者の役割という本さんの強い使命感がある

1. はじめに

本章の主人公である（株）ぶどうの木の代表取締役・本昌康《もとまさやす》さん（以下、本さんと呼ぶ）は、家業であるぶどう園の後継ぎとなることを早くから決意し、石川県を代表する篤農家を数多く輩出している石川県立松任農業高等学校（現：石川県立翠星高等学校）から東京農業大学に進学した。父親は、息子が大学卒業後家に帰ってくるのを見越して、本さん名義で2000万円の借金をしてぶどう農園を拡張し、直売所も併設して息子の帰りを待っていた。あとから考えれば、この父親の無謀ともいえる投資が、本さんのぶどう農家から石川県を代表する食農ビジネス経営者に華麗な転身を遂げる大きなきっかけとなった。

ぶどう農家からスタートした本さんのチャレンジは、1冊の本でも書ききれないほど多様であるが、ここでは、本さんのチャレンジを以下の4段階に分けて整理し、チャンスを活かす迅速な決断による経営発展、経営者としての経営理念の構築と人材活用術、多様なビジネス展開による多角的経営の実現、について整理し、農業経営の枠を超えて幅広い食農ビジネスの経営者として挑戦し続ける新世代経営者像を示していきたい。

①ぶどう生産農家としての技術革新と経営革新への挑戦
②ぶどう農家から多様な6次産業への挑戦
③経営者としてさらなる飛躍のための自己啓発・人材育成による経営発展
④多様な食農ビジネス経営の持続的発展の仕組みづくり

なお、参考のために、初めに（株）ぶどうの木の会社概要を示しておく（表6-1）。

表6－1　(株) ぶどうの木　会社概要

社名	株式会社ぶどうの木
代表者	代表取締役会長 本　昌康（1952年3月31日生） 代表取締役社長 本　康之輔（1975年11月24日生）
法人設立	1985年2月1日
資本金	20,000,000円
所在地	〒920-0171　石川県金沢市岩出町ハ50-1 TEL：076-258-0001（代表）　FAX：076-258-5802
従業員数	311名（2015年5月現在）
店舗	【レストラン】 イタリアンカフェぶどうの木、ラ・ヴィーニュぶどうの木、ル・バンケぶどうの木、ぶどうの木めいてつ・エムザ店、トラットリアぶどうの木金沢フォーラス店、リストランテぶどうの木イオンモール高岡店、リストランテぶどうの木イオンモールかほく店、タパス・エ・バールぶどうの木、ルウとパスタぶどうの木、ゆげや萬久 【洋菓子工房】 本店、金沢百番街店、イオン金沢店、イオン御経塚店、イオンかほく店、イオンもりの里店、アルプラフーズマーケット大河端店、イオンモール新小松店 【まめや金澤萬久】 本店、金沢百番街店、松屋銀座店、香林坊大和店、めいてつ・エムザ店、小田急新宿店 【銀座のジンジャー】 銀座本店、東京スカイツリータウン・ソラマチ店
系列会社	◆有限会社本葡萄園　資本金：3,000,000円 商号：ぶどう園もと ◆有限会社コンフィチュールエプロヴァンス 資本金：3,000,000円　商号：銀座のジンジャー
主要仕入先	カナカン株式会社、株式会社北国屋商店、株式会社イイダ、株式会社柿市商店、サカイダフルーツ、キングフーズ
主要取引銀行	金沢信用金庫森本支店、北國銀行森本支店、北陸銀行金沢支店

出所：ぶどうの木ホームページ

2. プロフィールとぶどう農家としてのチャレンジ

本さんは、昭和27年に農家の長男として金沢市で生まれた。父は、教員、祖父は農協の組合長、町会議員などをしており、実家の農業はもっぱら祖母が支えていた。本さんは、祖母の苦労を見て、農業を継ぐことを決意したという。本家とぶどうとの関係であるが、母の実家が戦時中にガラス温室でぶどうを栽培する篤農家であったことが大きく関わっている。父は戦後、母の実家でぶどうの栽培技術を習い、1950年にぶどうの木を植え、ビニールハウスで早期出荷にチャレンジしていた。家の農業を継ぐことに何の迷いもなく農業高校から東京農業大学へ進学した本さんは、ぶどう栽培を学ぶべく、授業の合間を縫っては1917年（大正6年）にワイン醸造販売を創業した山梨県甲府市のサドヤ農場に通った。サドヤ農場には約200種類のぶどうが栽培されており、それぞれの品種の特性・栽培技術やノウハウを修得した。学生時代に新宿の歌舞伎町で経験した多様なアルバイト経験は、その後の新たなビジネス展開の大きな糧となっている。

本さんは大学卒業後、アルバイトでためたお金でフランスを中心にヨーロッパ各地を1か月半歩き回って見聞を広め、帰国して実家のぶどう園に就職した。就農当時のぶどう栽培面積は2 ha程度で、JA出荷と市場への持ち込み出荷がそれぞれ半分程度で販売額は800万円程度であったという。父親は新しいことにチャレンジするのがとても好きな人であったが、ぶどう栽培はあまりうまくなかった。ぶどう栽培に自信を深めていた本さんは、就農3年目に父親とぶどうの栽培方法で口論になった。「そこまで言うなら自分で経営してみろ」と26歳で経営権を譲られた。その時に父親が出した条件は、「100万円を俺にくれ。親戚付き合いも全てお前がやれ」というものであった。

図６－１　皮ごと食べられる高級ぶどうリザマートの栽培技術を開発

出所：ぶどうの木提供

「今になって考えると、父は私のぶどう栽培技術と行動力を認めていたのだと思います。また若い時に経営権を譲ってくれたことには感謝しています。私名義の２０００万円の借金についても最初は恨みましたが、返済期間を長くするための苦肉の策だったと知り納得しました」と述懐する。

経営権を譲られた本さんは、借金を返済するための方法を考え、ＪＡ出荷と市場出荷をやめ、農園でのぶどうの直売に切り替えることを決断。その当時の経営者としての夢と取り組みを次のように本さんは語ってくれた。「自分でぶどうの値を決めることができるのが楽しく、お客様のニーズにどのようにして応えるか一生懸命考えました。サドヤ農場で学んだ技術を生かして20種類以上のぶどうを栽培して自園交配を行い、お客様に喜んで買ってもらえるぶどう作りに熱中しました。ウズベキスタンで生まれ〝世界で一番うまいぶどう〟とも言われ、皮ごと食べられる高級品種リザマートの栽培を成功させました。この成果は『美人が食べて絵になるぶどう』としてマスコミに取り上げられ、多くのお客様がぶどう園に殺到しました。現在、直売で48種類のぶどうを販売していますが、単価の高いぶどうの直売の成功をもたらしたのはリザマートだと思っています（図6-1、図6-2）。その結果、就農7年目の30歳の時には、２０００万円の売り上げを実現

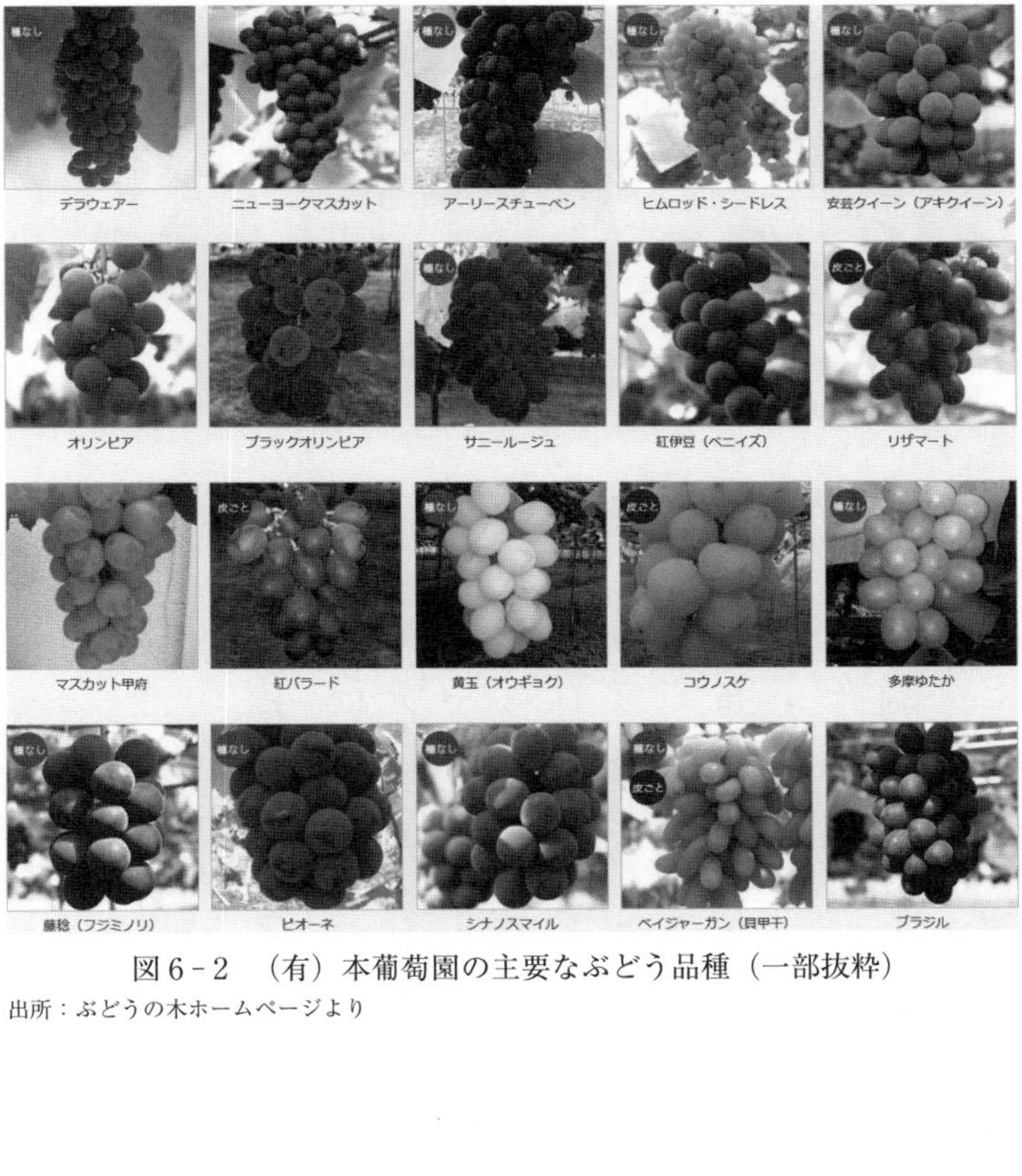

図６-２　（有）本葡萄園の主要なぶどう品種（一部抜粋）

出所：ぶどうの木ホームページより

図６－３　40年前から６次産業化に挑戦

出所：ぶどうの木ホームページより

しました。今では多様なビジネス展開を遂げているぶどうの木ですが、今でもぶどう園での直売はビジネスの大きな柱になっています」

3. 多様なビジネス展開にチャレンジ

6次産業化に挑戦

ぶどう園での直売に多くのお客様が訪れるようになり、生食用のぶどうだけでなく、ジャムやジュースなどの加工を手掛けるようになった。200万円をかけて冷蔵庫を整備したので、その有効利用のためにも加工事業が必要となったのである（図6-3）。また、1982年にはカフェスタイルの「ティガーデンぶどうの木」を開業し、こだわりの生麺パスタを提供した。店舗の雰囲気づくりでは、店内にぶどうの木を配置して親子や若者が食事を楽しめるようにした（図6-4）。

ここまでは、ぶどう園を利用した農家の6次産業化の取り組みとして他でも同様な事例が数多く認められるが、次の段階から実業家としての本さんの力がいかんなく発揮されることになる。

多様な食ビジネスに挑戦し、実業家としての才能を開花

▼多様な食ビジネスへの挑戦

ぶどう農家から6次産業化での成功を収めた本さんは、それ以降様々な食ビジネスに挑戦することになる。１９８２年のカフェ「ティガーデンぶどうの木」に続き、１９８７年は本店の敷地内に「洋菓子工房ぶどうの木」を開店した。それ以降の多様な事業展開の中でも特に注目できるのが、１９９０年に開店したぶどう園を眺めながら食事を楽しめるフレンチレストラン「オーベルジュぶどうの木」の顧客から「プロポーズしたこの店のぶどう園の下で結婚式を挙げたい」という要望が出され、それに対応する中で生まれたブライダル事業の展開である。ブライダル事業は、単にチャペルでの挙式だけにとどまらず、披露宴における料理や飲み物（とくにワイン、ジュース等）、引き出物としてのお菓子等、様々な食ビジネスに関わる広がりを持つ事業であり、農家の6次産業から本格的な食ビジネスへの展開のルートを拓いてくれた。

また、ケーキ・洋菓子事業の幅広い展開の契機となったのは、１９９１年に金沢駅に開店した「ぶどうの木 byJic」である。店の評判が良く、その後金沢駅周辺、イオンモールへと次々と出店

図６－４　ぶどう園と一体のティガーデン

出所：ぶどうの木ホームページより

記念日ケーキ
Anniversary Cake
おめでとうやありがとう。そんな大切な人へのまごころを、ケーキにのせてお届けします。
詳細をみる
プティガトー
Petit Gâteau
定番ショートから、チーズケーキ、チョコレートケーキまで。ショーケースを彩るプティガトー。
詳細をみる
焼き菓子
Baked goods
お菓子は焼きものに始まって焼きものに終わる。職人がひとつひとつ丁寧に焼き上げるお菓子たち。
詳細をみる
クリームサンド
Cream Sand
ぶどう園からの贈り物
Grape Juice & Jam
グロサリー
Grocery

図6-5　多店舗展開をけん引した洋菓子工房

出所：ぶどうの木ホームページより

していった。多様な競争相手が多い洋菓子店では、おいしさ、商品の見た目の美しさ、様々な記念日に対応できる商品開発力が求められる。幸いにもぶどうの木では有能なパティシエの確保ができ、人材育成をしながら店舗拡大を果たしていった。また、地元の有名な有機栽培農家、井村辰二郎さんが育てた有機小麦、ルビーロマンに代表される高級ぶどうをふんだんに使ったケーキやパフェ等、ぶどうの木ならではの商品が評判を呼んでいる（図6-5）。

▼多様なビジネス展開の仕組みづくりと人材確保

本さんは、ぶどうの直売が成功を収めた当時から、法人化に向けた取り組みを進め「(有) グレープスプランニング」を1985年に立ち上げた。その後、レストラン事業や洋菓子事業が軌道に乗る中で、ぶどう生産部門と食品製造・サービス事業とを分離する必要性を感じ、1997年に (有) グレープスプランニングを「(株) ぶどうの木」に組織変更した。(株) ぶどうの木では、食品事業部、レストラン事業部を核に様々な食ビジネス事業を展開している (図6-6、図6-7)。

筆者は、このような事業展開を可能にした条件について本さんに次々と質問した。そのやり取りの概要は、以下のとおりである。

「質：このような事業展開に必要な資金はどのように集めましたか？」

「答：まだ借金が残っている中でのレストランの出店計画については、自宅を売って資金を作ることを考えました。父に相談したら、『この土地は先祖から私が受け継いだものだから、親戚の了解をとれ』と言われました。近隣の親戚全てを回りましたが了解は得られませんでした。まだまだ古くからの家屋敷を大切にしていた時代でした。結局、父が根回ししてくれて親戚の了解が得られ、土地の売却で3000万円の現金を得て、それでも足りずに、農協や信用金庫から1500万円の借金をして新事業をスタートしました。今でも父親がよく認めてくれたと感謝しています」

「質：新たな事業展開のためのシェフやパティシエ等、優秀な人材をどのように集めましたか？」

「答：フランスで7年くらい働いていた優秀なシェフをヘッドハンティングして、レストランを任せました。そのシェフのネットワークで個性豊かな人が集まってきました。能力を活かして適材適所で人を配置するのが社長の仕事です。私は、そのことに力を注ぎました。そのため、わが社に

Italian Café
Budoonoki
パスタ＆ピッツァ
イタリアンカフェ ぶどうの木
Les Tonnelles
フランス料理
レ・トネル ぶどうの木
Wedding & Party
Le Banquet
La Vigne
ウェディング＆パーティー
ル・バンケ＆ラ・ヴィーニュ

図6－6　様々な料理が楽しめる本店のレストラン

出所：ぶどうの木ホームページより

図6－7　様々な事業の展開を支えるブライダル事業

出所：ぶどうの木ホームページより

は個性豊かな人材が多く集まります。みんな変な人間です。しかし、ぶどうの木には、ぶどうの生産から、加工、レストラン、お菓子工房、ブライダル等、様々な事業部門があります。また、様々な事業展開をするため施設などの設計施工ができる女性の一級建築士、デザイナーも5名います。これらの社員にはなるべくチャレンジをさせる、楽しくやりがいをもって仕事に取り組むことができるように応援するという姿勢で接しています。スタッフが元気で生き生きと働いていることが、人が集まるコツです。また、人材ありきで店を作ります。人がいなければ出店はしません。社長の大きな仕事は、社員とその家族の生活と幸せを実現することにあります。向上心をもって仕事に挑戦できる社員を作るのが社長の務めです」

「質：様々な場所に、次から次にお店を出店していますが、出店資金はどのように確保しているのですか？」

「答：金沢駅への洋菓子店の出店では、菓子を作るための厨房などの設備は相手が用意してくれましたので、店にそれ程大きな投資をする必要はありませんでした。この経験から、菓子店などの出店依頼があった場合は、設備の準備を相手にお願いしています。その代わり、多くのお客様が集まると見込めれば、少しくらい高い店舗利用料金を支払っても出店します。こうすれば、もし利益が確保できなければ撤退することも容易にできます。また、どうしても設備投資が必要な場合、例えば、設備投資に1000万円必要ならば、1000万円以上の収入が見込めなければ投資はしません。また、投資はすべて借金でします。自己資金ではどうしても収支に甘くなってしまいます」

4．経営者としてさらなる飛躍のための自己啓発による経営発展

盛和塾に入会

実業家としての本さんの能力、資質、そしてビジネスのスタイルに大きな変革をもたらしたのは京セラの稲盛和夫会長が主催する盛和塾（注1）への入会である。1994年に友人の社長から盛和塾への入塾を勧められた。取りあえず盛和塾の例会を見に行ったところ、入塾させられてしまった。入塾の年に開催された全国大会での稲盛塾長の「利益を挙げない経営者は社会の悪である」という言葉に本さんは衝撃を受けた。その理由を本さんは盛和塾での経営体験発表で次のように述べている。「それまでの私は利益を独り占めするわけではなく、利益が出れば社員に賞与で分けたり、お客様のために店を良くすることに使っていたので、自分を善い経営者だと思っていました。ところが、塾長から悪人であるといわれたのです。塾長はその時に経営で利益を出して税金を納めることで社会が良くなることの意義と大切さを説かれました。私の『納税するくらいなら使ってしまおう』という考え方の間違いを指摘されたのです。この言葉から、事業の目的・意義を明確にすること、すなわち公明正大で大義名分がある高い目標を持つことの大切さを教えていただきました。また、『深く思うこと』の大切さと、松下幸之助のダム式経営（注2）の大切さも教えられました」

アメーバ経営の導入

本さんは盛和塾への入塾後の1996年からアメーバ経営（注3）を導入していった。アメーバ経営の導入によって1997年の経常利益は9・8％と大きく向上した。稲盛さんに「利益が出た

ので社員に賞与を出したい」と言ったところ、「出す必要はありません。これまで利益を出したことがない経営者がよくする間違いです。内部留保をきちんとして将来の投資に備えなさい。賞与をどうしても出したいのであれば、利益の中から税金を払い、内部留保をきちんと確保してから、従業員の賞与に回す割合を計算しなさい。また、こうしたことは、きちんと従業員に説明しなさい」と指導を受けたという。また、「稲盛さんは私を叱って伸びる人間だと見なしたようです」とも語ってくれた。

本さんは盛和塾に入塾してから（株）ぶどうの木の組織を、役員室直轄の食品事業部（3部1工場で構成）、営業本部（3部で構成）、レストラン事業部（1部構成）、管理本部（2部で構成）の4事業部と特命プロジェクトを実施するグランドメゾンプロジェクトチームと本店活性化推進部に分けて、それぞれに部・課・チーム・店・グループを組織化している。表6-2に示した43のチーム・店・グループがアメーバ組織を形成している。このように、全社員が経営に参加する仕組みにすべく、会社の組織をできるだけ細かく分割し、それぞれの組織の仕事の成果が分かりやすい「アメーバ」と呼ばれる小集団組織に分け、それぞれのアメーバ組織が利益を最大化させるように仕事に取り組む体制を構築した。各アメーバごとに経費や販売が集計され、毎月実施されるアメーバ長会議で報告され、問題点と解決方向が論議され、翌月の達成目標が設定される。本さんは、アメーバ長会議に出席するとともに、アメーバごとに社員が参加して毎年12月から2月にかけて実施する1年間の月単位の計画・目標と目標実現のためのアクションプラン作成のための検討会議に出席し、社長と社員との相互の意思疎通を行っている。

また、社内に経営者意識をもった人材を育てるため、経営に関する財務データは全て社員にオー

表6－2　ぶどうの木の組織構成とアメーバ組織

責任者	事業部	部	課	チーム／店／グループ
会長 社長 常務 監査役	食品事業部	金沢森本インター工場		工場総務
		物流部	物流課	ぶどうの木＋CEP センター
				萬久センター
				社内物流
		製造部	製造１課	生菓子
				カステラ
				ジンジャー
				豆
			製造２課	バウム
				焼菓子
				包装
		商品開発部	商品開発課	
	営業本部	金沢販売部	ぶどうの木 販売課	森本本店
				金沢百番街店
				イオン御経塚点
				イオン金沢点
				イオンかほく店
				イオンもりの里店
				アルプラフーマーケット大河端店
				イオン新小松店
			金沢萬久販売課	本店
				金沢百番街店
				香林坊大和店
				めいてつ・エムザ店
		東京販売部	東京販売課	CEP 銀座店
				CEP ソラマチ店
				萬久松屋銀座店
				萬久小田急百貨店新宿店
		営業部	営業１課	
			営業２課	
			営業３課	催事１（首都圏）
				催事２（首都圏以外）
				通販
			商品企画室	
	レストラン 事業部	レストラン部	レストラン１課	イタリアンカフェ
				新店レストラン
				めいてつ・エムザ店
				金沢ファーラス店
				イオンモール高岡店
				イオンモール高岡店かほく店
			レストラン２課	レ・トネル
				タパス・エ・バール
				ゆげや萬久
				ル・パンケ＆ヴィ－ニュ
				ブライダル
			セントラルキッチン課	セントラルキッチン
				おせち製造
			商品開発チーム	
	管理本部	総務部	総務部	
			人事課	
			衛生品質管理室	
		経営管理部	経営管理課	
			購買課	
			システム管理課	
	グランドメゾンプロジェクトチーム			
	本店活性化推進部			レストラン関連
				販売関連
				ランドスケープ

出所：ぶどうの木提供資料に基づいて筆者作成。

プンにして、会社の利益の実現レベル、採算性が分かるようにしている。特に、他のアメーバ組織の採算性を知ることにより、競争意識や改善意識が高まるという。

しかし、アメーバ経営を導入して売り上げは伸びたが、利益は思うように伸びなかった。アメーバ経営を導入してほぼ10年経過した２０１０年前後の利益は10年前とほとんど変化しなかった。塾長から提示された目標経常利益率10％を下回る状態が続いていた。その原因は、新規事業、新ブランドへの進出で従業員を増やしたが、従業員１人当たりの生産性が伸びていないことにあった。また、何人かの優秀な社員が退職する事態も発生していた。社員からも「社長は採算制ばかりを重視して思いやりがなくなった」「採算性の悪い部門は肩身がせまい」といった不満の声が聞こえるようになった。採算表だけの経営改善を図るため、サービス残業が日常化し、それについていけない若者が去っていったのである。

経営理念の浸透と新たな人材（手の長いヤジロベエのような）の育成を目指す

急激な事業拡大の過程で生じた問題を解決するために、本さんが力を入れたのが、ぶどうの木の経営の考え方、社員意識の改革であった。その手段として大きな役割を果たしたのが京セラのフィロソフィ手帳である。「本来、フィロソフィ手帳は、アメーバ組織を作る前に作って社員に浸透すべきだと教えられましたが、ぶどうの木では組織づくりを急ぐあまり、逆になってしまいました。そのため、時間割採算表（注４）だけは作りましたが、経営の考え方がまだ確立されていませんでした」と本さんは反省する。

ぶどうの木のフィロソフィ手帳には80項目のフィロソフィが整理されているが、そのうちの60項目は京セラのフィロソフィと重なっている（注5）。全ての社員にこの手帳が配布され、従業員にフィロソフィを徹底・浸透させるため、月1回、グループごとに2時間の勉強会を開催している（図6-8）。この効果について、本さんは「支店が増えて組織が大きくなると、社長の考え方が伝わりにくくなります。現場での経営判断の回答は、すべてフィロソフィ手帳と採算表にあると従業員に言っています。このフィロソフィと採算表という二つの手のバランスがとれた手の長いヤジロベエのような人材を育てるのが経営者の役割なのです」と胸を張る。

また、本さんがフィロソフィ手帳と共に大切にしているのが、社内報「一歩前へ新聞」の毎日の発行である。A4サイズで16ページほどの新聞であるが、各アメーバから上がってきた40通ほどの日報すべてに、本さんのコメントを返したものである。また、この新聞には昨日の全アメーバの売上、予定売上、達成率、時間当たり売上、来客数、客単価などの実績データが記載され、アメーバ組織間で比較できるようになっている。忙しい本さんが、このような地道な努力をしていることに筆者は驚き、「大事な仕事だと思いますが、本当にできるのですか？」と質問した。質問に対して本さんは、次のように回答してくれた。「もちろん、出張で不在の場合は役員が代わりに行いますが、それ以外はすべて自分で毎日コメントを書きます。私はお酒を飲まないので、パーティがあっても2次会にはいきません。帰宅後、毎日3時間くらいかけてコメントを書きます。毎日日報を見てコメントを書かないと、会社で何が起こっているのかわからず不安になります。トップとして当然の仕事だと思っています。稲盛さんの教え『誰にも負けない努力をする。地道な仕事を一歩一歩堅実にたゆまぬ努力をする』を実践していると考えています」

第１部　人生・仕事の方程式

１．人生・仕事の結果＝考え方×熱意×能力

人生や仕事の結果は、考え方と熱意と能力の三つの要素の掛け算で決まります。

このうち能力と熱意はそれぞれ０点から100点まであり、掛け算で計算するので、自《みずか》らの能力を過信し努力をしない人よりも、自分には普通の能力しかないと思って誰よりも努力した人の方がはるかにすばらしい結果を残すことができます。これに考え方が掛かります。考え方とは生きる姿勢でありマイナス100点からプラス100点まであります。考え方次第で人生や仕事の結果は180度変わってくるのです。そこで能力や熱意とともに、人間としての正しい考え方をもつことが何よりも大切になるのです。

第２部　正しい考え方をもつ

２．原理原則に従う

仕事を進める上で瞬時に判断を求められる場面があります。しかしその場の流れや勢いで間違った判断をしてしまうと、その修正には多くの無駄なエネルギーが必要になります。

判断をするときには、幼い頃、誰もが親や学校の先生から何度も聞かされた「人として何が正しいのか」という原理原則にしたがうことが大切です。つまり私たちの判断基準は、筋の通った道理にあう、世間一般の道徳に沿うものでなければなりません。そうでなければ決してうまくいかず、長続きしないのです。

「最近の世の中はこうだから」「他の人もやっているから」「昔からこうだから」といった安易な気持ちや習慣で判断してはいけません。常に「本来どうあるべきか」という、ものごとの本質を見極めた判断を行うことが大切です。

ぶどうの木

フィロソフィ手帳

Budoonoki

【経営信条】

学 まなぶ	一、	われわれは謙虚に学び、日々心を高めていこう。
技 わざ	一、	われわれは誇りにかけて、高い品質の商品とサービスを提供していこう。
創 つくる	一、	われわれはお客様に喜んでいただけることを目指し、食文化を創造していこう。
夢 ゆめ	一、	われわれは大いなる夢を叶えるために、今日一日を懸命に生きよう。
愛 あい	一、	われわれは家族のように手を取り合い、利他の心を忘れず、助け合って生きていこう。

図６－８　2020年度版（第８版）ぶどうの木　経営信条とフィロソフィ（抜粋）

出所：ぶどうの木提供資料より作成。

5. 本さんの経営理念と行動の原点

本さんの経営理念、経営哲学の形成において、稲盛和夫氏の影響は極めて大きいが、稲盛イズムに無条件に追従するわけではなく、本さん独自の経営理念、経営哲学を追求し、それに基づいた経営行動を行っている。

筆者がインタビューの中で感じたのは、経営者としての本さんの能力や行動には大きな三つの特徴があるということである。第1は、経営者としてお客様の喜ぶ顔を見ることができるようなアイデアを生み出す鋭い感性がある点である。例えば、ぶどうの直売では、贈答用として高価なぶどうが求められること、季節感のある高価なものが喜ばれることをいち早く見抜き品種選抜を行った。また40年前から6次産業化に取り組み、高付加価値化ビジネスの将来性を見抜き、さらには「お客様に喜んでもらうおもてなしの心」がレストランなどのサービス業の基本であることにいち早く気づきビジネスを展開している。このことは「社是」である「ようこそぶどうの木へ」の言葉の背景にある本心からのお客様への感謝の気持ち「こんな（不便な）ところまでわざわざお越しいただいて、ありがとうございます」に表れている。この感謝の気持ちが、「もっとお客様の喜ぶ顔が見たい」「従業員を喜ばせたい」「社会に貢献したい」の気持ちにつながり、お客様を喜ばせるための様々なぶどうの木のビジネスを生み出している。

第2は、アイデアを実現する類まれな行動力である。アイデアを発想できる人が100人いたとしても、それを実践できる人は10人、さらに実践を持続できる人は1人しかいないという言葉をある社長から聞いたことがある。そのような本さんのアイデアと行動力を顕著に示す取り組みが、

「銀座のジンジャー」と「まめや金澤萬久」の創設である。銀座のジンジャーは２００４年に東京銀座に本店を、続いて２００９年に東京駅、２０１２年に東京スカイツリーに出店した。生姜ブームは２０１０年前後に起こり、相次いでシロップ、ドリンクを中心に様々な生姜製品が発売されたが、ぶどうの木では２０００年前後から商品としての可能性を探索し、２００４年にいきなり銀座に専門店を出店した。「失敗することは考えなかったのですか？　なぜ銀座なのですか？」との質問に、「生姜が健康に良いことは昔から承知していましたので、商品を作りたいと思っていました。銀座に出店したのはマスコミがきっと取り上げて紹介してくれると考えたからです。銀座でなければ話題性がなく、ブームをけん引することはできなかったでしょう」と答えが返ってきた。確かに銀座のジンジャーの生姜シロップはその後、多くのマスコミにとりあげられるとともに、「ズームイン!!サタデー」などでも紹介され、生姜ブームの火付け役となっていった（図６-９）。

「まめや金澤萬久」は、２００９年に創設した大豆を主原料とした豆菓子、甘納豆、カステラの販売を主とする部門である。大豆菓子、カステラ等は非常に一般的な商品であり、その成功は難しいと考えられたが、商品としてのこだわりを徹底する本さんらしい話題性のある商品を生み出した。まず原料大豆は石川県の有名な有機栽培農家が生産する有機大豆を、甘納豆は能登大納言を使うなどストーリー性を持たせるとともに、商品を入れる豆箱に石川県の伝統工芸品である九谷焼の有名な絵付師に絵を描いてもらい、非常に美しい豆箱ができ上がった。さらにカステラは、金沢金箔を使い、高級感を持たせている。こうした本さんのこだわりがぶどうの木の個性ある贈答品を生み出し、話題性とも相まってマスコミに取り上げられ人気商品となっていった（図６-10）。

ぶどうの木の経営理念「全従業員の幸せのために物心両面の豊かさを追求し社会の進歩発展に貢

定番ジンジャーシロップ
STANDARD DE SIROP DE GINGEMBRE
人気No.1
プレーン
銀座のジンジャーの原点。オリジナルレシピのジンジャーシロップ。
詳細をみる
¥648（税込） 0 本
柚子
銀座のジンジャーの王様。不動の1番人気ジンジャーシロップ。
詳細をみる
¥864（税込） 0 本
ドライ
もっと生姜感を味わいたい方へ。フレッシュ生姜いっぱいのシロップ。
詳細をみる
¥864（税込） 0 本
レモン
ブルーベリー
苺

図6－9　銀座のジンジャー本店と主要商品

出所：ぶどうの木ホームページより

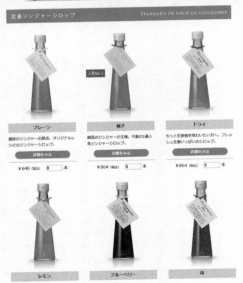

献する」の背景にある考え方、「私たちが日々自分の仕事に一生懸命に取り組んだとき、それが必ず叶う。そんな経営をしていきましょう。私たちが懸命に仕事に取り組んだそのことが、必ずまわりの人たちの幸せにも役立っているはずです」、また経営信条の一つである「われわれは誇りにかけて、高い品質の商品とサービスを提供していこう」につながる取り組みと言えよう。「『利益は文化ギャップから生まれる』という丸井の社長の言葉を大切にし、人々がこれまで見たことがないものに対する思い、日常を超えることを心がけています」という言葉に、ユニークな商品づくりの原点があるように思えた。

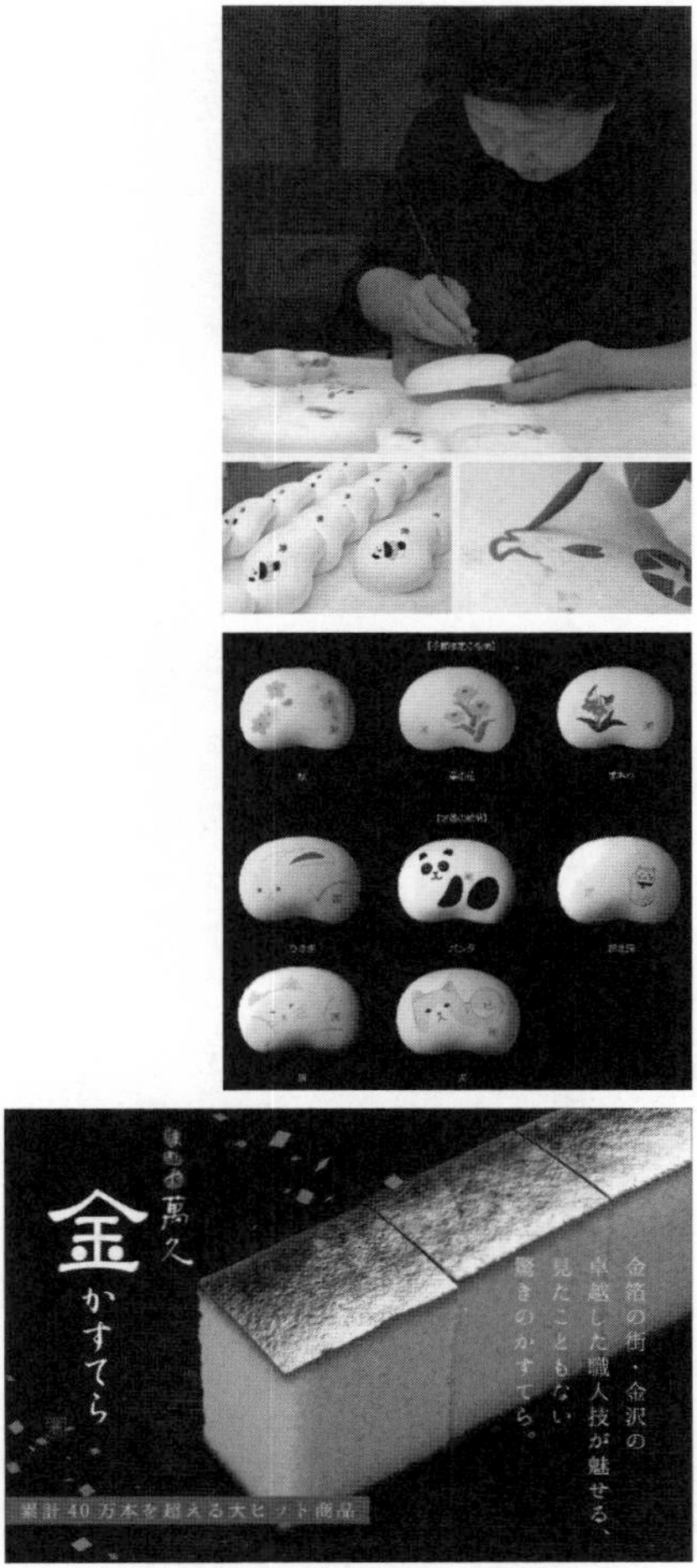

図6-10　金沢の伝統の技がさえる豆箱と金箔カステラ
出所：ぶどうの木ホームページより

第3は本さんの人材を育成して活用する能力である。多様でユニークな商品・サービスを次々と生み出すぶどうの木を支えているのは、本さんと、それを支える個性豊かな社員である。「ぶどうの木は変な人間の集まりですので、多様な個性があります。私の役目は社員一人一人の個性と特徴を見抜き、能力を活かす仕事を与えることにあります。150人の社員の適正配置ができなければ、社長は務まりません。専門的な知識や技術よりも、素直で向上心と挑戦する心を持った人を採用することが大切です。やる気さえあれば、能力はあとからついてきます」という言葉に本さんの人材育成の基本が表れている。

6. 多様な食農ビジネスのさらなる持続的発展に向けて

これまでの本さんの食農ビジネスは、順調に成長していると言えよう。本さんのビジネスの原点である有限会社本葡萄園は、2haの園地で5名の専任職員を確保して、ほぼ毎年8000万円前後の売り上げを確保している。最近はレストランで使用する野菜やハーブの生産も手掛けており、(株)ぶどうの木への重要な原料供給農場の役割を果たしている。

また、(株)ぶどうの木の売り上げは創業以来順調に伸びており、2019年には25億円に達している。しかしながら、毎年の経常利益率の変動は大きく、とりわけアメーバ経営導入以前の経常利益率は低かった。この点については、盛和塾の2011年の世界大会で経営体験発表を行った本さんに対して、稲盛さんから10%を超える経常利益率を目指すことの重要性を指摘された。盛和会入塾以来、ぶどうの木の経常利益率は、稲盛さんが指摘した10%には届かないものの確実にプラス

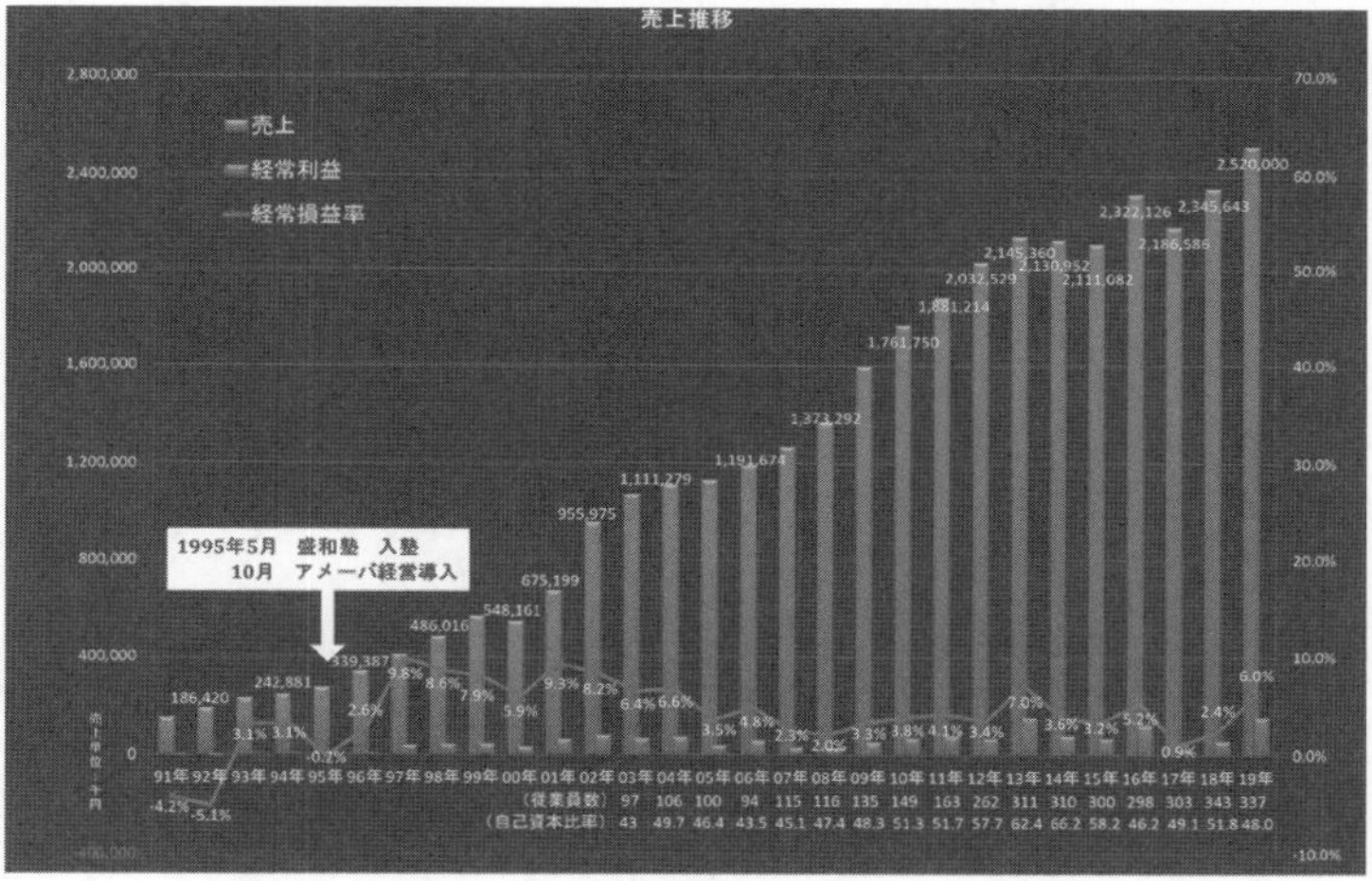

図６-11　ぶどうの木の売上・経常利益率の推移

出所：ぶどうの木提供

の値を示している。フィロソフィ手帳の導入効果について即効性は期待できないが、今後着実に成果が表れるであろう（図６-11）。

また、少子高齢化や結婚しない若者の増加、コンビニやスーパーなどの中食業者との競合などにより、ブライダルやレストラン事業の売り上げが最近減少しているが、お菓子部門の売り上げ増加が会社全体の売り上げ増加に貢献しているという。最近の大きな課題は人材の確保であり、人手が確保できずに十分なサービスが提供できないという理由で商業施設から２０１９年にレストランを撤退させている。

今後のビジネス展開として成長が見込まれるは、「まめや金澤萬久」ブランドにおけるお菓子部門と、現在計画が進んでいるラシェット計画である。ぶどうの木の本店周辺は、かつては金沢市の豊かな水田地帯であったが、近年では、徐々に耕作放棄地が増えてきた。ぶどうの木では、この地を自然栽培の畑として再生する活動を展開してきた。そんな中、ランドスケープデザイナーの団塚栄喜氏が率いるアースケイプとの出会いから、「ラシェットプロジェクト」が出発した。

ラシェット（Lassiette）とは、「お皿」「お料理のひと皿」を意味するフランス語であり、ぶどうの木周辺一帯で豊かな料理の一皿のような里づくりを目指している。図6-12のように、耕作放棄地を含む本店周辺地区の農地に直径95mの円を描き、その中を複数のエリア（自然農法による野菜畑、養魚池、れんこん畑、果樹林、花畑）を設け、その円周を歩けば、「人×農×自然」をつなぐ景色に次々と出会える空間をイメージしている。収穫体験、農業体験、収穫物をレストランで活用したり、お菓子作り教室で利用したり等、大人・子供・高齢者・若者等世代を超えた人々が1日楽しめる交流空間づくりを目指している。このプロジェクトについて本さんは、次のように語ってくれた。「これは10年くらいで何とか形になるかもしれません。しかし、完成することはないでしょう。なぜなら、形を作り上げるまでのプロジェクトではなく、自分たちの手で自分たちの里を守っていくことが目的のプロジェクトだからです。今まで先祖が守ってきたこの土地を、今日生きるわたしたちが新しい豊かな土地に変えて次世代につないでいくことが大切だと思うようになったのです」

万年青年、新世代経営者としての本さんのさらなるチャレンジに注目していきたい。

（注1）盛和塾は、1983年に京セラの稲盛和夫氏が京都の若き経営者の方々から「いかに経営をすべきか教えてほしい」と依頼されたことを機に、25名で始まった会であり、「心を高め、会社業績を伸ばして従業員を幸せにすることが経営者の使命である」とする稲盛さんの経営哲学を学

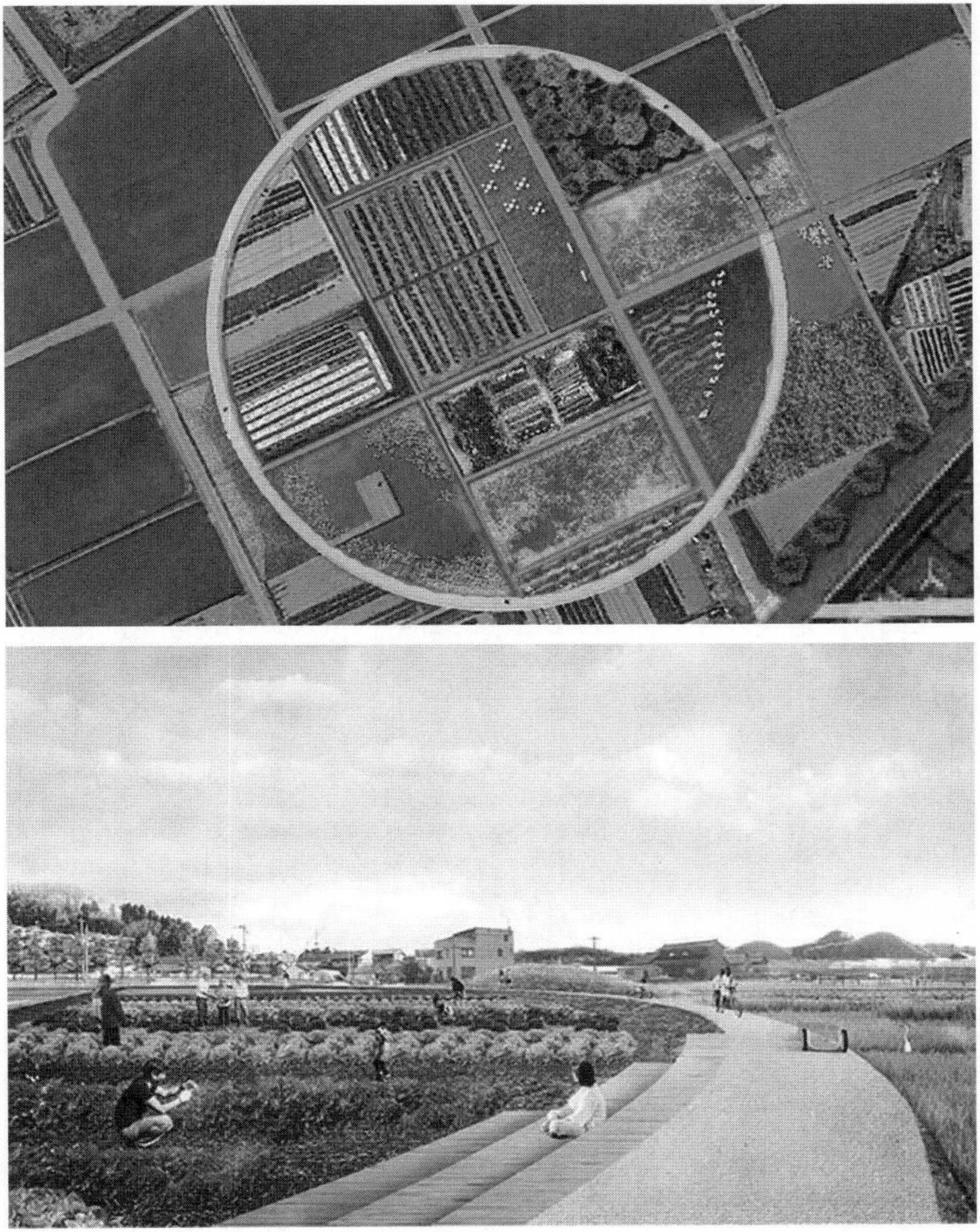

図6-12　ラシェットプロジェクトのイメージ

出所：ぶどうの木ホームページより

ぶ場である。その後、この活動を聞いた全国の経営者から入塾希望が殺到し、全国各地に拡大しつづけ、2019年末には、国内56塾、海外48塾、塾生数は約15000名と膨れ上がった。なお、2019年末にその役割を果たしたことから盛和塾は閉塾となった（以下の記事を参考に整理）。

https://www.kyocera.co.jp/inamori/contribution/seiwajyuku/about.html

（注2）ダム式経営の考え方は、経済不況が深刻化した昭和40年2月に開かれた第3回関西財界セミナーで、松下幸之助氏の講演「ダム経営と適正経営」で明らかにされた。松下は、「もう戦後の非常時ではない。開放経済下の今日、欧米の企業のように余裕のある、安定経営を志すときである」と強調し、その方策の一つとして「ダム経営」の考え方を提起した。「ダム経営とは、一定の余裕をもった経営のあり方であり、あたかもダムに入れた水を必要に応じて徐々に流していくように、たとえば、需要に変動があった場合、品物が足りなくなったり、余り過ぎたりしないように、余裕設備を動かしたり、休ませたりして、安定的な経営を進めるというもの。それは設備だけではなく、資金、人材、在庫についても同様である。ダム経営は実行しがたいことに思えるが、お互いに適正利潤を確保しつつ安定経営を行って、社会の発展に寄与していくことが必要である」と提唱した。

出所：https://www.panasonic.com/jp/corporate/history/konosuke-atsushita/122.html

（注3）アメーバ経営は、京セラ名誉会長稲盛和夫氏が実体験の中から創出した全社員が経営に参加する仕組みであり、会社の組織をできるだけ細かく分割し、それぞれの組織の仕事の成果を分かりやすく示すことで全社員の経営参加を促す経営管理システムである。アメーバ経営は会社組織を「アメーバ」と呼ばれる小集団組織に分け、各アメーバのリーダーが経営者のように小集団組織

の経営を実践する。そうした経営実践活動では、収支責任を明確にする部門別採算制度を導入し、仕事の成果を「時間当り付加価値」として数字で見えるようにしている。

参考：稲盛和夫 Official Site　https://www.kyocera.co.jp/inamori/management/amoeba/

（注4）京セラフィロソフィは、京セラの創業者である稲盛和夫氏の実体験や経験則にもとづいた経営哲学、人生哲学である。京セラフィロソフィは、「人間として何が正しいか」を判断基準として、人として当然持つべき基本的な倫理観、道徳観、社会的規範に従って、誰に対しても恥じることのない公明正大な経営、事業運営を行っていくことの重要性を説いている。京セラグループは、全従業員に「京セラフィロソフィ手帳」を配付して、稲盛さんの経営哲学の浸透を図っている。

（注5）時間割採算表については、以下の記述が参考になる。

出所：稲盛和夫 Official Site より引用　https://www.kyocera.co.jp/inamori/amoeba/change/change01.html

（注6）ぶどうの木のフィロソフィ手帳は、以下の内容で構成される。

●社是　●経営理念　●経営信条

【すばらしい人生をおくるために】

第1部　人生・仕事の方程式（1項目）

第2部　正しい考え方をもつ（11項目）

第3部　熱意をもつ（9項目）

第4部　能力を高める（3項目）

時間当たり採算表の仕組み

「売上を最大に、経費を最小にする」

これは稲盛和夫の考える経営の原理原則です。
この原則を全てのアメーバで徹底するには、収支状況がわかる採算表が必要です。

そこで、会計の知識を持たない社員でも、経営の実態がわかるように、家計簿のようにシンプルな「**時間当たり採算表**」が生まれました。

時間当たり採算表の例

総生産	43,000,000円
原材料費	9,010,000円
水道光熱費	6,000,000円
事務用品費	5,070,000円
雑費	3,020,000円
経費合計	23,100,000円
差引売上	19,900,000円
総時間	3,500.0時間
当月時間当たり	5,685.7円

受注拡大や新製品の販促により、「**売上最大**」を目指します！

▶「収入のとらえ方」

経費項目は日々チェックし、創意工夫を重ね、「**経費最小**」を目指します！

▶「経費のとらえ方」

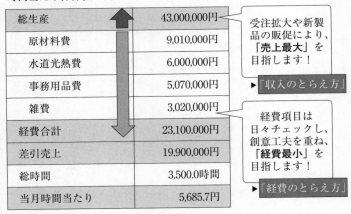

【すばらしいぶどうの木となるために】
第１部　経営は手の長いヤジロベエ（1項目）
第２部　経営の心（9項目）
第３部　採算意識を高める（8項目）
第４部　仕事を進めるにあたって（15項目）
第５部　より良い関係を築く（9項目）
第６部　お客様への思いを高める（14項目）

参考文献

（１）鈴村源太郎・北田紀久雄・佐藤暁彦「ぶどう生産から総合産業へ：株式会社ぶどうの木・本昌康氏の農的コンセプトに学ぶ」、東京農業大学国際バイオビジネス学科編『バイオビジネス・13　新世代日本式経営の確立に向けて』家の光協会、２０１５、60～１１０。
（２）東京農大経営者会議編著「株式会社ぶどうの木」『東京農大経営者の群像』第１巻、２０１７、２６５～２７４。
（３）本　昌康「経営は手の長いヤジロベエ」『盛和塾』１０８号（２０１１年９月号）２０１１、１０３～１１７。
（４）株式会社ぶどうの木ホームページ https://www.budoo.co.jp/（２０２０年2月25日閲覧）

コラム8
経営者特性の簡易診断

ここでは、私たちがこれまで分析してきた経営者特性の評価結果に基づいて、経営者としての特性を簡易に評価するための診断法について紹介します。

ここで評価する経営者の資質は、「アイデアと現実を変える力（革新力）」「リーダーシップ、人とのつながりの広さ、会社を動かす力（行動組織力）」の2つです。この2つの経営者特性を把握するための質問項目は、コラム表5に整理した革新力4項目、行動組織力6項目です。この合計10項目の質問に対して、「1＝全くあてはまらない」「2＝ややあてはまらない」「3＝どちらともいえない」「4＝ややあてはまる」「5＝とても良くあてはまる」の5段階で回答していただき、合計得点をそれぞれ4と6で割って平均評価得点を算出します。

次に算出した革新力と行動組織力の平均評価得点をコラム図2にプロットしてみてください。この2つの平均点がいずれも高い人は、「起業家・トップマネジメント」に、革新力は低いが行動組織力が高い人は「中間管理職的社員」に、革新力は高いが行動組織力が低い人は「単なるアイデア社員」に、そして革新力と行動組織力のいずれも低い人は「平凡な平社員」に分類することができます。

以上の基準で我々が調査した多くの経営者の方々の得点は、「革新力」「行動組織力」ともに4点を超え、中にはいずれも5点に近い経営者もいました。

読者の皆様も是非試してみてください

コラム表5　あなたの経営者特性診断表

革新力	大きな夢や目標がある	1	2	3	4	5
	同じことを繰り返すのは嫌いだ	1	2	3	4	5
	発想やひらめきが良いほうだ	1	2	3	4	5
	最新情報や流行には敏感だ	1	2	3	4	5
行動組織力	時間の使い方を工夫している	1	2	3	4	5
	お金は計画的に使う	1	2	3	4	5
	組織のリーダーによくなる	1	2	3	4	5
	人の悪口は言わない	1	2	3	4	5
	相談相手がたくさんいる	1	2	3	4	5
	誰とでもすぐに仲良くなれる	1	2	3	4	5

【診断方法】
各質問項目について自分の特徴を評価してください。評価基準は、以下のとおりです。
　1＝全くあてはまらない　2＝ややあてはまらない
　3＝どちらともいえない　4＝ややあてはまる
　5＝とても良くあてはまる
次に革新力4項目、行動組織力6項目の評価点数の合計値と平均値を求めます。
計算した革新力、行動組織力の平均値をコラム図2の該当する場所にプロットしてあなたの経営者特性を評価します。

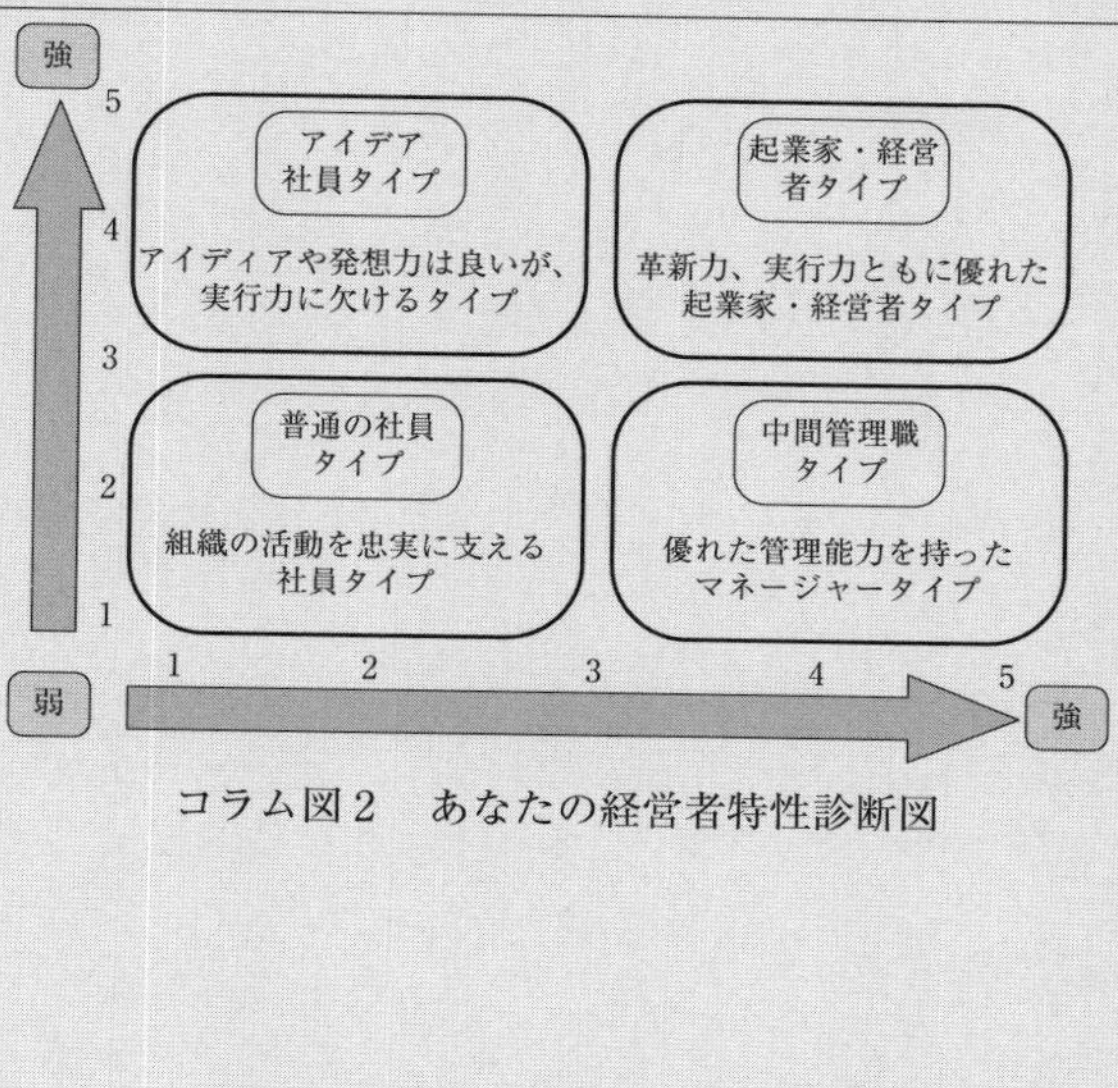

コラム図2　あなたの経営者特性診断図

第7章　水田作から大規模ブロッコリー複合経営への転換

―チーム安井の理念と人材育成・安井善成さんの挑戦

条件が悪い北陸の水田地帯で20 a（H15）→ 2 ha（H16） → 5 ha（H17） → 10ha（H18） → 20ha（H19） → 40ha（H21）→71ha（R 1 ）と倍々でブロッコリーの栽培面積を増やし、３つの作型を開発して周年出荷を目指す。◆適材適所の人材配置、▼自家菜園で技術を習得、▼やりたいことやらせる、▼採用は社員の全員一致で決定、とユニークな経営を展開する「チーム安井」の今後に注目

1．はじめに

表紙の写真を見てほしい。やる気に満ちた若者たちの笑顔が有限会社安井ファームがどのような会社であるかを物語っている。その真ん中でＹシャツ姿でしゃがんでいるのが、本章の主人公である代表取締役の安《やす》井《い》善成《よしなり》さんである。

農業を継ぐ気が全くなかった安井さんが、なぜ農業にチャレンジしたのか、どのような考え方、経営哲学をもって会社を立ち上げ、独自の経営スタイルを確立していったのか、元気があり高い意欲をもった仲間（従業員）をどのようにして集めてその能力を開花させていったのか、気象条件が厳しく稲作中心の経営が展開している石川県白山市で難しいとされていたブロッコリーの大規模経営をどのように実現したのか、農地集積と栽培技術そして経営管理のイノベーションから迫ってみたい。

2．嫌いだった農業を継ぎ、ブロッコリー生産を目指すまでの取り組み

安井さんは、１９７１年（昭和46年）に石川県松任市（現白山市）生まれで現在49歳。周辺は石川県を代表する稲作地帯である。祖父は兼業農家であり、父も始めは造園業を経営していたが、途中から農業中心に経営転換した。長男である安井さんは、初めから農業を継ぐ気は全くなかった。父親には「農業は継がない」と早くから伝えていた。そのため、高校卒業後、好きな自動車整備の専門学校に通って整備技術を習い、卒業後はトヨタの整備工場に勤めた。ゆくゆくは独立して自分の

図7－1　安井ファームの原点は水田作

出所：安井ファームHPより

整備工場を持ちたいと考えていた。

しかし、父が農作業中に事故に遭い、車いすでの生活を余儀なくされ、1994年（平成6年）に仕方なく家に帰って農業を継ぐことになってしまった。その当時、父はすでに20haの借地型大規模水田作経営（水稲と大豆を生産）を展開していたため、地域農業を守るためにも農業を継承することが求められた。しばらくは、父が築いた水田作経営を持続するために父の指示に従いながら一生懸命に働いた。その結果、経営規模は年々拡大し、平成13年に有限会社にした時には、30ha規模まで拡大していた。当時は水稲と大豆の専業経営であった。

平成13年に安井さんが進言して家族経営から有限会社安井ファームに法人化した。さらに、平成15年から20aの水田でブロッコリーを初めて作付けした。平成16年に父は60歳となり、農業者年金の受給を機に法人の代表と通帳を安井さんに譲り一線からリタイアした。平成16年に

図７－２　安井ファーム発展のきっかけとなったブロッコリー
出所：安井ファーム HP より
注：ブロッコリー栽培面積の推移：20 a（H15）→ 2 ha（H16）→ 5 ha（H17）→10ha（H18）→20ha（H19）→40ha（H21）→71ha（R１）

32歳と若くして経営権を譲られた安井さんは、水稲と大豆の水田作経営から大豆の補助金がなくなるのを機に水田作の複合経営を目指し、ブロッコリーを取り入れた経営を展開することとなった。ブロッコリー導入のきっかけは、大豆の転作補助金がなくなるとともに、大手量販店との取引ができること、普及などから勧められたことが大きい。平成15年にブロッコリーを導入して以来、図7-2の注に示したように倍々で作付面積を拡大し、令和元年現在71 haと、まさにブロッコリー専業ともいえる経営規模を実現している。なお、ブロッコリーの生産規模を飛躍的に拡大するきっかけは、平成21年にイオンのプライベートブランドである「トップバリュー」商品になったことが大きく影響している（図7-2）。

3．どのようにしてブロッコリーの生産規模を拡大していったか

令和元年度の安井ファームの総作付面積は、135haでその内訳は、ブロッコリー71ha、水稲41ha、大豆15ha、その他の野菜8haとなっている。そのうち、法人所有面積は2haで、あとは全て借地である。水稲生産の場合の借地料金は1万円／10a、大麦生産後の7～2月の半年間の借地料金は7000円／10a、河北潟の畑の借地料金は水利費の賦課金に当たる9600円／10aである。平成16年の社長就任時の販売金額は3500万円であったが、平成21年にようやく1億円を超え、以後順調に増加し、平成30年度は2・8億円（うち、ブロッコリーが2・1億円）となっており、令和元年度は3億円を超える見込みである。

ブロッコリーの生産を開始した当時は、地域では水稲を中心とした土地利用型農業が盛んで、農地を貸してくれる農家はいなかった。また、競合する農家も多かった。水田を借地して水稲以外のブロッコリーや野菜を作ることに対して、「周辺の農家は冷たかったですね。大麦を生産している農家を見つけては、『圃場が空いている7月～2月の間だけ貸してもらえませんか？』と農地を貸してくれるように頼みましたが、なかなか貸してもらえませんでした。たまたま姉が嫁いでいる農家から初めて農地を借りることができました。この地域の水田は湿田が多く、畦をたててブロッコリーを生産しますが、畦をたてると石が出てきたり、水平が保てなかったりと苦労しました。しかし、ブロッコリーを生産した後の圃場はブロッコリーの跡地では、無肥料で水稲を生産することができるので、起・代掻きをして返しました。ブロッコリーの残渣をすきこみ、水稲作付けのための耕起・代掻きをして返しました。地代だけでなく貸した農家のメリットは大きく、次第に貸してくれる農家が増加していきまし

た。現在は3か所の団地（平成30年度のブロッコリー生産面積はそれぞれ18、15、30ha）で生産しています」とブロッコリーを始めた頃の苦労を語った。

ブロッコリーは２０００年前後までアメリカ産を中心に輸入が増加していたが、その後年々減少し、現在は２０００年当時の４分の１まで低下し、国産が継続的に増加している。その栄養価の高さから旺盛な需要に支えられ、平均単価は年々高まっている。図7-3は大田市場の最近5年間の月別平均価格の推移を示したものであるが、夏場の高値時で５００円／kgを超え、冬場の出回り期でも３００円／kgを超えていることがわかる。このような国産ブロッコリーの市場価格の高値が幸いし、安井ファームにおけるブロッコリー生産は順調に拡大していった（図7-4）。

4．ブロッコリー生産の技術革新への挑戦

栽培技術の革新

水田作経営の複合化を目指してブロッコリー生産に取り組んだ安井さんであるが、最初の頃は収穫できたのは30％くらいであったと述懐する。その原因はブロッコリー生産に慣れていなかったこともあるが、借地した多くの水田が湿田で、しかも冬季は積雪があるなどブロッコリー生産に適していなかったことが大きい。そのため、石川県での生産に適するブロッコリー品種の選択と作型開発、暗渠による排水対策を講じることでこの問題を解決していった。品種については、種苗メーカーから取り寄せて、50品種以上を試作し、27品種を現在採用している。また、栽培試験を繰り返す中で30cm以上の高畦にして、栽植密度を３５００株／10ａにするのがベストであることを発見し

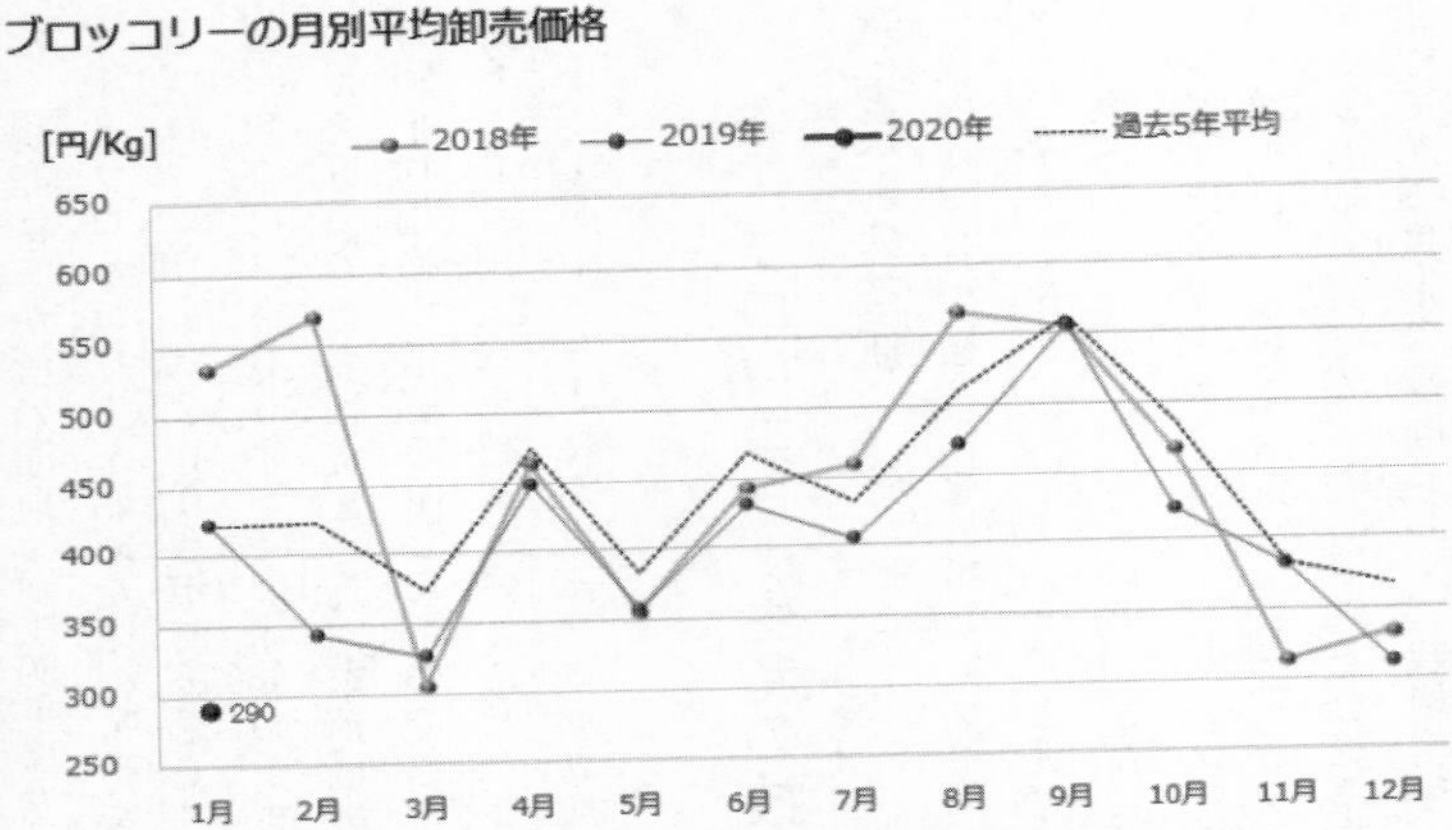

図7－3　大田市場のブロッコリーの月別平均価格の動き

出所：https://jp.gdfreak.com/public/detail/jp

図7－4　順調な価格に支えられブロッコリー栽培面積を大きく拡大

出所：安井ファーム HP より

ブロッコリーの年間作付体系　（記号　播種：○、定植：●、収穫：越冬作・◇、春作・□、秋作・■）

作業内容	1月・2月	3月・4月	5月・6月	7月・8月	9月・10月	11月・12月
ブロッコリー	■■ 出荷→	◇◇◇◇◇ ←越冬作 出荷→	□□□□ ←春作出荷→		■■■■ ←秋作出荷	■■■■■■■
うち　越冬作 〈通年賃借地 ・15ha〉 （タイプA）	−−−−−−− （積雪）→	−◇◇◇◇◇ 収穫	←→ プロ作付前：水稲、後：大豆		○→●→− 播種 育苗→定植→	−−−−−−−
春作 〈畑地（遠隔地） ・15ha〉 （タイプB）		○→●→−− 播種・育苗 →定植・除草	−−□□□□ 防除→収穫			
秋作 〈秋冬季 期間賃借地 ・30ha〉 （タイプC）	■■ 収穫	←→ プロ作付前大麦、後：水稲 期間賃借終了 残さすき込み、 代かき後返却	期間賃借開始 代かき	○→●→ 播種・育苗 →定植	−−■■■■ 除草・防除 →収穫	■■■■■■■ 収穫

図７−５　ブロッコリーの年間作付体系

出所：平成30年度農林水産大臣賞「経営完全部門」資料より

た。なお、「お客様のニーズに応えるため、収穫時期・収穫量から逆算して利用する品種を決定し、できるだけ周年出荷できるようにしています」と安井さんが言うように、川下のニーズ対応を基本に生産が組み立てられていることが分かる。

安井ファームにおけるブロッコリー生産は、図7−5に示した次の3タイプの作付体系を採用している。

タイプA：通年借地水田での越冬作（水稲・ブロッコリー・大豆の2年3作体系、ブロッコリーは9月播種、3・4月収穫）。

タイプB：借地畑地での春作（ブロッコリー1作　3月播種、5・6月収穫）

タイプC：秋冬季期間借地水田での秋作（大麦・ブロッコリー・水稲の2年3作体系、ブロッコリーは7月播種、10〜1月収穫）

この3つの作型を採用することにより、2月と7・8月を除いてブロッコリーを出荷するこ

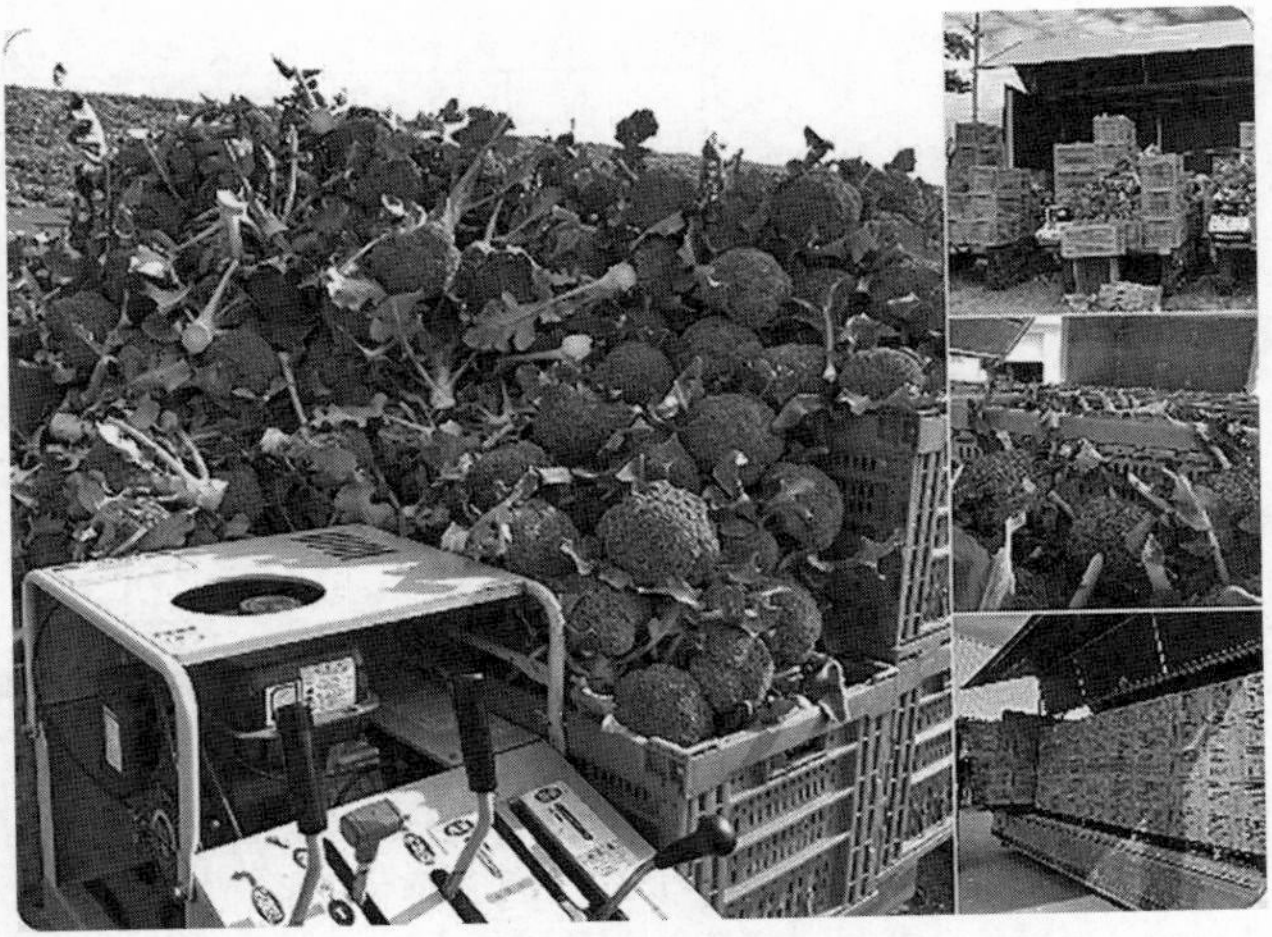

図7－6　ブロッコリーの収穫作業を合理化

出所：安井ファーム HP より

とができ、周年出荷に近づいていることがわかる。ブロッコリー生産では、「なるべく出荷のピークを平準化して生育が揃うようにすることが重要で、そのために施肥管理技術を工夫しています。収穫は花蕾径が12㎝になることを基本にしています。また、収穫や出荷選別がしやすいように、秀品と優品の2規格で行っています。これで作業時間は大幅に短縮できました。規格外品はカットして販売します」とその栽培技術の特徴を教えてくれた。

ブロッコリーの生産面積の拡大とともに、安井ファームでは圃場作業の機械化にも力を入れている。耕起、排水対策、整地などの管理作業は大型トラクタで行うとともに、畦立て同時施肥機、専用の半自動定植機、ブロッコリーをまたいで運搬する収穫運搬車等、専用の機械の開発・改良も行い、作業の効率化を実現している（図7-6）。なお、安井ファー

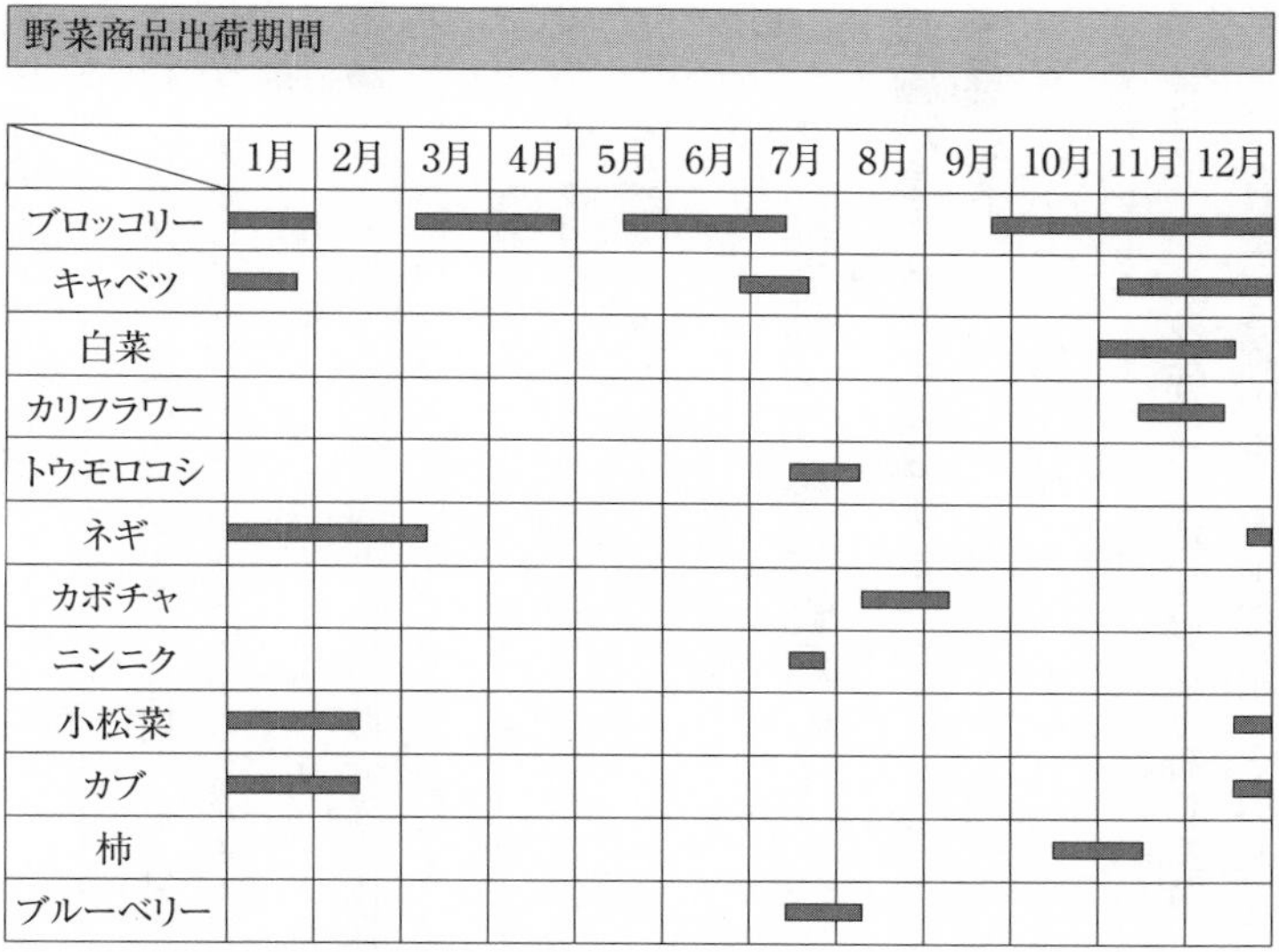

（水稲：33ha、大豆：15ha、ブロッコリー：60ha、その他野菜：5ha）

図７－７　安井ファームの野菜の出荷期間

出所：安井ファーム HP より

ムは平成14年に石川県エコ農業者の認証を取得し、環境に配慮した農業に先駆的に取り組んでいる。そうした取り組みを支えたのが畦立て同時施肥機による施肥量の削減、適期防除での防除回数の削減、食品残渣堆肥の利用である。

　また、安井ファームでは、ブロッコリー以外にもキャベツ、ハクサイ、カリフラワー、トウモロコシ等、11種類の野菜を作っているが、図7-7のように、それぞれの野菜の収穫期がブロッコリーの収穫期と重なる場合もあり、その調整が課題となっていることが分かる。

集出荷のイノベーション

水稲、ブロッコリー生産の拡大と共に、安井ファームでは、平成28年に「ライスセンター、事務所棟、冷蔵庫棟、乾燥施設を3・2億円（自己資金1・3億円、借入金1・5億円、補助金4000万円）かけて整備し平成29年1月より農場から小売店までのコールドチェーンを確立した。現在の契約出荷先や取引先は金沢中央卸売市場を中心に40社を超え、東京、大阪、名古屋などの市場やスーパーマーケットなど広域の販売先を確保している。契約出荷先とは市場価格の動きを基本としながら、大きな価格変化を吸収できるような安定価格での取引を実施している。コールドチェーンを構築した効果を「今のところコールドチェーンにより販売価格が割増で取引されることはあまりありませんが、ブロッコリーが飽和状態の時でも優先的に取引して頂けるようになりました」と述べている（図7-8）。

5. 経営管理・組織管理のイノベーションへの挑戦

経営理念と経営の基本方針

▼経営理念

安井ファームの経営管理のイノベーションの原点である経営者としての安井さんの経営理念について見ていこう。

安井ファームの経営理念は、「農業を通じて働く人の幸せとお客様の幸せを願い、実現します」と、従業員とお客様の幸せを前面に出している。この経営理念に基づき、

収獲されたブロッコリーは、選果場で氷詰めされる。
こうする事で、長く鮮度を保つことが出来る。

図７－８　出荷工程の合理化

出所：安井ファーム HP より

・働く人が働きやすい環境を用意する（福利厚生とやりたいことを支援）
・自信をもって提供でき、お客様に満足していただける商品づくりを心がける
・「生産者」という立場を崩さず、地域に根差した農業で社会貢献する
・未来を見据えて、次世代へとつながる生産活動を行う

という四つの経営目的が設定されている。

この経営理念と経営目的を作り上げた安井さんの経営に対する思いを聞いたところ、次のような答が返ってきた。「経営者としての自分の思いだけを強調すると、人はついてきません。自分が従業員であると考えた場合、仲間として大切にしてくれる会社で働きたいと思います。そして、家族経営から脱したいと考えています。そのため家族は会社に入れないようにしています。父も妻も安井ファームには勤めていません。いかに他人が働きやすい職場環境を作るかが大切です。自分も地域外から通勤しており、生活と仕事を分けています」

▼経営の基本方針と目標

安井さんの経営の基本方針としては「社員にやりたいことをさせる」にあるという。そのために、社長は「我慢して社員のモチベーションを高め、自由な社風を作るために行動することが大切です」また、経営の基本は目標づくりにあると考える安井さんは、次のような社長と社員の目標を立てている。

社長の目標　社員一人当たり年間1000万円の給料が払える会社にする。そのためには2025年までに5億円の売り上げを実現する

社員の目標　社員一人当たり3000万円の生産額を実現する

社員の目標について安井さんは、次のように語ってくれた。「安井ファームでは、売り上げの25％が人件費と考えているので、３０００万円の売り上げは７５０万円の年収につながります。もちろん、社員一人に1・5人のパートと外国人労働者がついているので、７５０万円がすべて社員の給与にはなりません。若い社員で３５０万円、主任クラスで６００万円前後の年収が実態です。まだまだ頑張らなければなりません」

また、安井ファームのブロッコリー生産については、「こだわりがないのがこだわりです。時代にあった商品をつくるため、柔軟に生産対応していきます。これが安井ファームのブランドづくりです」とその思いを語ってくれた。

▼経営・組織管理のイノベーション

以上のような経営の基本方針を実現するため、安井さんは様々な角度から経営・組織管理のイノベーションに取り組んだ。

その第一は、GLOBALG.A.P. への挑戦である。ブロッコリーの栽培面積が20 haを超え、イオンのプライベートブランドに採用されるなかで、イオンからGLOBALG.A.P. の認証取得を勧められた。スーパーマーケットなどが農産物を国際取引する場合、当然のことながら「信頼できる農場と取引したい」と考える。それでは「信頼できる農場とは何か」ということになる。そうして考え出されたのが、共通の生産ガイドラインを設けて、その条件に合致した農場と取引することである。そのため、ＥＵのＧＡＰ規範から小売店が許容できる「最低限の評価基準」が作成され、２００１年からEUREPGAP 認証制度が、さらにEUREPGAP は２００７年にGLOBALG.A.P. に名称変更して、現在に至っている。GLOBALG.A.P. は、農業生産者が、安全で持続可能な農業を実践し地域経済に貢献するための羅針盤として、またトレーサビリティを担保することによる取引先や消費者の信頼性、透明性確保の手段として活用されている。GLOBALG.A.P. Version5の野菜・果樹認証における管理点は218あり、食品安全99項目、トレーサビリティ22項目、作業従事者の労働安全と健康28項目、環境（生物多様性を含む69項目）となっており、農業法人組織にとってその認証取得のハードルは高い。

しかしながら、安井ファームでは2009年にイオンから勧められて、わずか1年後の2010年には石川県内で初めてブロッコリーの農場と加工施設で認証を取得し、生産から販売までの工程管理の仕組みを作り上げた。こうした工程管理の仕組みづくりでは、トヨタで学んだことが大きく活かされたという。GAPの導入効果について、安井さんは次のように評価している。「各社員の役割分担と職務権限が明確にでき、各社員が生産から販売までの業務リスクを認識し、生産工程管理の遵守、生産コストの削減、労働安全の確保、経営への参加意識が高まっています。平成20年にイオンに勧められ2年間取得しましたが当時あまりGAPが周知されておらず費用もかかるので途中でやめました。途中でやめましたが仕組みだけは継続して行っておりましたので、昨年（令和元年）12月にGLOBALG.A.P. の認証を再取得しましたが、スムーズに取得できました」（図7-9）。

また、安井ファームでは、2018年にいしかわGAPの認証をブロッコリーで取得している。いしかわGAPは、持続的に農業を行うための取り組みを約50項目にまとめ、初めてGAPに取り組める方にも実践しやすい内容となっており、将来的にJGAPなど民間認証へのステップアップへの入門として位置づけされている。すでに最も難しいGLOBALG.A.P. の認証を取得している安井ファームがいしかわGAPを取得した理由について安井さんは、次のように述べている。「いし

TÜV HELLAS
TÜV NORD GROUP

CERTIFICATE

GLOBALG.A.P.

The Certification Body TÜV HELLAS (TÜV NORD) S.A. / Dept. AGRISYSTEMS
Hereby certifies according to the procedures of (TÜV NORD) S.A. and
GLOBALG.A.P.® General Regulation version 5.2_Feb.19 that the company:

LIMITED COMPANY YASUI FARM

NO.15, Shichirocho, Hakusan City, Ishikawa Prefecture, 926-0065

JAPAN

GGN: 4063061121417 Reg. Number of Producer: TUV-NORD 321788
Cultivates according to the requirements of

GLOBALG.A.P. ® Standard Control Points and Compliance Criteria (CPCC)
Integrated Farm Assurance - version 5.2_Feb.19

Option 1 – Individual producer
The annex contains details of the producers and/or production sites / product handling units included in the scope of this certificate.

Product	Product Certificate No	Surface In (Ha)	Harvest Included	Produce Handling	Parallel Production / Ownership
Broccoli	00080-XHNCK0003	25	Yes	Yes	No

☒ Announced inspection / audit
☐ Unannounced inspection / audit

Date of Issuing:	17/12/2019
Date of Certification Decision:	6/12/2019
Valid from:	**6/12/2019**
Valid to:	**5/12/2020**

For the certification body

GEORGE F. KRAVVAS
GLOBALGAP Scheme Manager
AGRISYSTEMS Dept.
TÜV HELLAS (TÜV NORD) S.A.

IAF　ESYD
Product Certification
No of certificate 31

GLOBALG.A.P.
MEMBER

TÜV HELLAS (TÜV NORD) S.A., 282 Mesogeion Av., 15562, Cholargos, Athens, Greece, e-mail: agrisystems@tuvhellas.gr
Page 1 of 2　The current status of this certificate is always displayed at: http://www.globalgap.org/search

図７－９　GLOBALG.A.P の認証

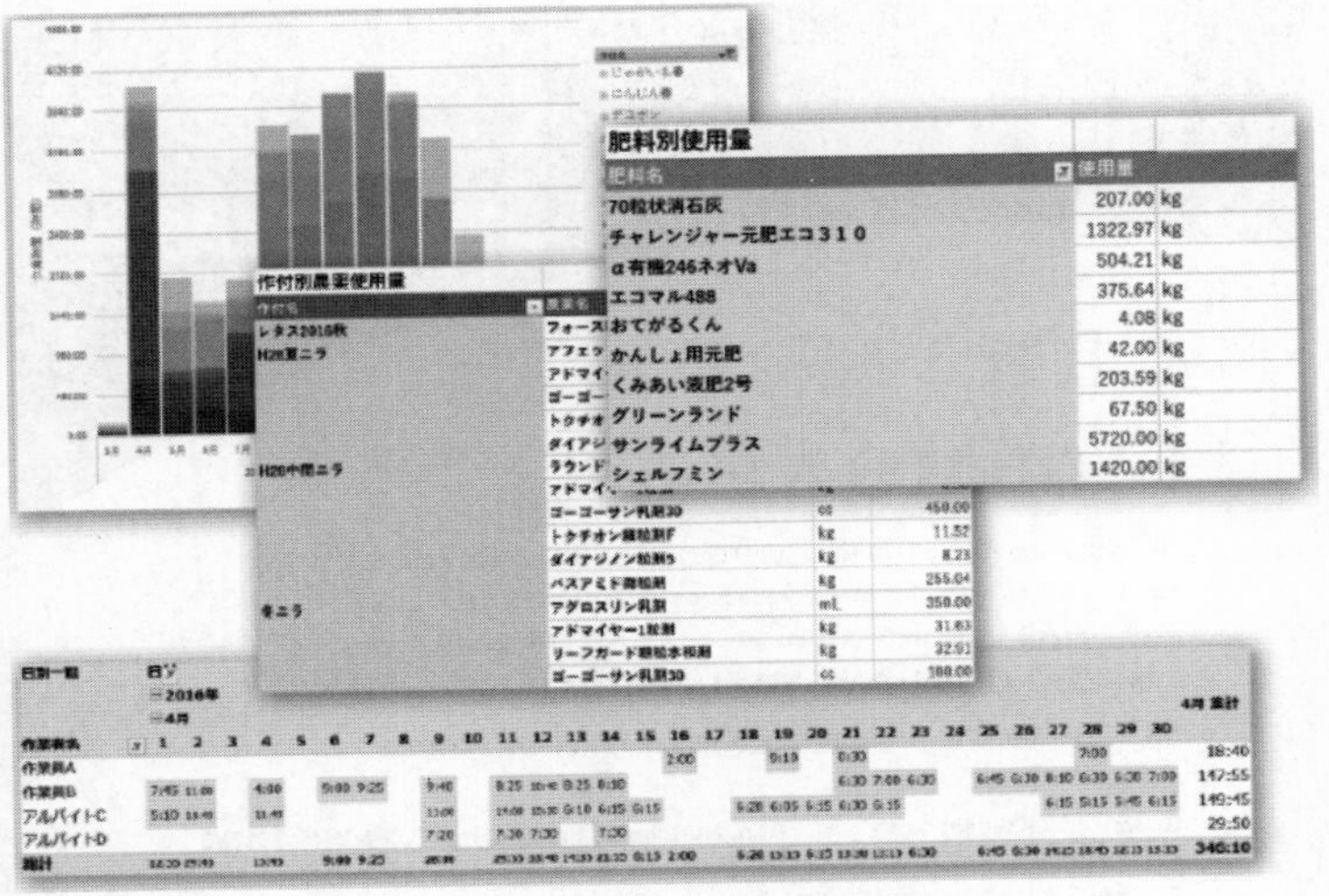

図７-10　アグリノートの画面情報

出所：https://www.agri-note.jp/

かわＧＡＰに関してはＧＡＰの初心者版なので県の要望もありモデルケースになればよいと取得しました」

経営・組織管理のイノベーションの第１は、平成24年から導入したスマートフォンを活用したＩＴツールの導入である。圃場・作物別の収量・品質・栽培履歴、販売実績に関する情報を全社員が共有することで、収穫率、秀品率などの目標に対する達成度を評価し課題を抽出して栽培方法・作業方法・作業の工程などの改善を行っている。ＧＡＰの導入とＩＴツールの活用により、平成26年にはブロッコリーの10ａ当たり収入が30万円を超え、平成29年には35万円を実現している（図7-10）。経営・組織管理のイノベーションの第2は、組織管理において事業部制（野菜部、穀物部、選果営業部）をGLOBALG.A.P.を取得した平成20年に採用し、各事業部長に作付計画、栽培管理、出荷調整、パート・外国人労働者の労務管理を任せるようにしたことにある。

また、安井さんはトヨタで学んだ小集団活動（ＱＣ活動）を参考に、社員が会社に愛着を持って自主的に業務改善ができるような仕組みづくりを重視した会社運営を展開している。その一つが目標管理であり、事業部別、作業グループ別、個別に目標を立てさせ、その実現のための業務改善と業務改善を支える報償制度を設けている。また、毎日の社内ミーティングによる作業内容や注意事項の確認、定期的に営農データの分析とそれに基づく業務課題の摘出と改善方法の提案を社員中心に行っている。

こうした安井さんの社員優先の経営・組織管理の特徴を決定づけたのが、「農作業をしない宣言」である。「ブロッコリーの栽培面積が40 haになった時、米とブロッコリーの両方をすべて自分が中心で回すことができなくなり、社員に任せる必要性を感じました。任せられる人を育てることの重要性を感じたのです。そのためには、自分がいつまでも最前線で仕事をしていたのでは、自分の指示待ちの社員ばかりが育ってしまい、能力が開発されないことに気が付いたのです。それが『俺は作業服を脱ぎ、圃場での作業をしない』宣言になったのです」と胸を張る。

6. 人材育成のイノベーション

経営者としての安井さんの取り組みの中で、筆者が特に強く感じたのが人材育成に関する安井さんの信念とその徹底ぶりである。多くの農業法人で従業員の定着は常に大きな課題となっている中で、安井ファームでは、9人の男性社員はいずれも農の雇用事業を利用して平成9年、18年、20年、21年、23年、24年、27年、28年、30年とバランス良く採用しているが、これまでだれも辞めていない。また、パート社員は15名でいずれも募集広告を使用して採用している。パートの仕事時間はフレックスで選べるようにしている。外国人技能実習生は3年前から導入しており、現在6名でいずれもベトナム人の女性である。

▼絶対に首切り、リストラはしない

人材育成の基本は「安井ファームというチームづくりにある」という安井さんは、適材適所の人材配置を重視する。また、がんなどの病気になっても社員を絶対に見捨てることはせず、肉体労働を主とする職場から広報などを担当する職場への配置転換で当該社員の新たな能力を引き出し、活躍の場を広げている。

▼自家菜園で技術を習得

農業では、作物をつくる技術を習得することは極めて重要である。安井さんは、「習うより慣れろ」「好きこそものの上手なれ」を徹底するため、社員に自家菜園の貸し出しを行い、好きなものを生産させて、生産物を直売所で販売することで栽培技術を磨かせている。「売れる農産物を作る苦労を知ることが大切です」と言う。

▼やりたいことをやらせる

また、安井さんは社員の定着には「会社内でやりたいことができる環境を作ることが大切です」と言うが、実際にどのようにしてそのような職場環境を作るのか聞いてみた。その結果、「やりたいことを聞く→やりたいことを本人の責任で行わせる、ただし必要なバックアップは行う→うまく

図７-11　社員のアイデアでできた安井ファームの直売所
出所：安井ファーム HP より

いく、いかないに関わらず結果が出る→改善点を探すもしくはさらなる工夫を行う→結果を確実にして会社の利益に貢献」という安井式チャレンジモデルを話してくれた。２０１８（平成30）年の春に入社した若手社員が干し芋をやってみたいということでさつまいもを6品種計15ａ作付けし、全量干し芋に加工している。安井さんは焼き芋加工を含めて6次産業に挑戦できる成長作物と考えている。また、２０１９年10月にオープンした安井ファームの農産物直売所「花蕾屋」は社員の発想に基づいてできたものであり、安井ファームでできた農産物、社員の自家菜園で取れた新鮮野菜の提供を目指しており、今後の展開が期待できる（図７-11）。

▼採用は全員で決める

安井ファームで一番ユニークなのが、採用する社員は、現在の社員の全員一致で決めるという採用方式である。ということは、採用までに試用期間があり、その間一緒に働いてもらい、その働きぶりを社員が見て、採用するか否かを全員一致で決めるという、かなり厳しい条件が採用に当たっては課される。この点について安井さんは、「労働基準監督署から文句が出そうですね。しかし、チーム安井の中でこれから一緒に働くのは社員ですから、厳しく見るのは当然です。おかげ様でこれまで、このような方法で採用してきた社員はだれも辞めていません」と語ってくれた。

7. 今後の経営展開の方向

これまで、「チーム安井」は、湿田が多い北陸地域での生産が難しいと考えられていた成長作物ブロッコリーの3作型の開発で、周年に近い生産体制に成功するとともに、安井さんの明確な経営理念と社員のやる気を高める経営方針で、社員の意欲と定着を促進して経営発展を遂げてきた。その成果は、広く評価され、以下のような受賞につながっている。

平成15年　石川県農林水産業功労者表彰（知事賞）
平成28年　毎日農業記録賞　一般部門　奨励賞（社員：土田）
平成30年　食品リサイクル及び農産物等循環型社会形成推進知事表彰（3社合同）
平成30年　全国優良経営体表彰　経営改善部門　農林水産大臣賞
令和元年　農林水産祭　内閣総理大臣賞

安井ファームは、社員を独立させてフランチャイズ型の経営成長を遂げるよりも、安井ファームとして成長を遂げて社員の幸せを実現する方向を社員自身も志向している。

そのため、2025年の目標販売額を5億円（ブロッコリー3億円）、また、利益は社員に還元することを基本に社員給与を上げるのが社長の使命と考えている。当面はブロッコリー、水稲に加え

図７-12　社長も社員も一体のワンフロアーで明るい職場
出所：安井ファーム HP より

てたまねぎ生産の拡大を３本柱として、そのほかの野菜、さつまいもの加工（干し芋、焼き芋）、直売所、その他にも社員の要望を取り入れたビジネス部門を加えて補助部門の事業の多角化を展開することを考えている。

また、安井ファームの継承については、「家族を入れないという自分自身の考え方もありますが、家族が就職先の一つの選択肢として安井ファームを選び、試用期間を経て社員が全員一致で採用してもいいと判断するなら拒む理由はないでしょう。入社後は本人の努力と適性で配置を決めていけばいいでしょう」とクールに考えている。

安井さん自身40代、社員も30代が中心の若い農企業であり、これまでの農業法人のイメージを一新するようなチャレンジが大いに期待できる。

参考文献

（１）平成30年度農林水産大臣賞申請資料：「有限会社安井ファーム https://www.nca.or.jp/upload/1de55e27ed151b80c3650a755c0e0957cbca0403.pdf

（2）安井ファームホームページ（2020年3月11日閲覧）
（3）盛田清秀「ブロッコリーと人材を育てる北陸有数の大規模野菜作経営～有限会社安井ファーム、『野菜情報』2020年2月号.

コラム９
自らのリーダーシップを評価

コラム表6を見てください。この表は、リーダーにしてはいけない人の資質や特性を20項目整理したものです。項目の右の第一欄に、読者の皆様の自己の資質・特性を5段階で評価した結果の数字を記入してください。また、1番右の欄には、その資質・特性を改善したいと考える改善の重要度を◎（とても重要）、△（やや重要）の2段階で評価してください。

私もそうですが、リーダーとして欠けている資質・特性が沢山あります。しかし、たくさんあったからといって悲観することは全くありません。こうした資質は変えていけばいいのですから。「個人の資質なので変えられないよ！」と反論がくるかもしれませんね。そういう反論には、「個人の生まれながらの資質を変えることはありません。ただ、そうした場面・場面で俳優になってリーダーを演じてください」と私は言うようにしています。私自身も「人づきあいが苦手」「人の先頭に立って仕事をしたくない」「人の悪いところが目に付く」「声が小さい」といった性格で、自分でも嫌になることがあります。しかし、社会人になればそんなことを言ってはいられません。与えられた任務や仕事、人付き合いをしていかなければなりません。そうした場面に出会ったときには、私は俳優になったつもりで、自分の欠点を隠した演技をしてこれまで乗り切ってきました。こうした演技は、最初は苦痛でも、そのうち慣れてきて、しまいには自分の資質かと思い込むようになり、自然の演技ができるようになります。「自らの資質の欠点は、俳優になって克服する」これがリーダーとしての資質獲得の重要なポイントだと思います。また、この俳優としての演技は期間限

コラム表6　リーダーに向かない人の資質・特性

リーダーに向かない人の資質・特性	自己の特性評価	改善の重要度
1．元気がなく声が小さい		
2．自分の非を認めて反省できない		
3．他人の悪口をいう		
4．人の話を聞かない、相手の話を中断する		
5．ネガティブな発言をする		
6．おしゃべりで軽薄		
7．秘密が守れない		
8．考えがコロコロ変わる（朝令暮改）		
9．論理的に筋道立てて話せない		
10. すぐ感情的になる		
11. 好き嫌いが激しく差別する		
12. 落ち着きがない		
13. プレッシャーに弱い		
14. 仲間を信じない		
15. 人をほめることができない		
16. 仕事、会議に遅れてくるなど時間にルーズ		
17. 頼まれたことを、すぐにやらない		
18. 何事も中途半端にして投げ出す		
19. 頼まれた仕事をきちんとできない		
20. 他人の能力、可能性を信じない		

注：1）自己の特性評価は、以下の基準に従って5段階評価する
5：良くあてはまる　4：ややあてはまる　3：わからない
2：ややあてはまらない　1：あてはまらない
2）改善の重要度は、次の様に表示する。
◎－とても重要、△－やや重要

定であると考えることが重要です。経営や組織活動のリーダーに選ばれたその時だけ演じればいいのです。また、演技が終わった後はもとの自分にもどればいいのです。テレビや映画の俳優と同じで、リーダーを演じるドラマの配役が回ってきたときだけ演じればいいのです。

是非、コラム６の「リーダーに向かない人の資質・特性」を用いて、自らの資質・特性を評価してみませんか。評価結果を、常に自分で見ることができる場所（手帳の中、スマホの画面等）に掲示して、リーダーに向かない資質・特性を克服するための俳優を演じて下さい。

コラム10
リーダーシップを演じる俳優になる

コラム表7は、重要と思われるリーダーシップの内容を22項目整理したものです。もちろん、これだけで全てのリーダーシップが網羅されているわけではありませんが、重要なものは含まれていると思います。リーダーシップもリーダーの資質・特性と同じように、個人ごとに備わっている、あるいは習得されているリーダーシップは異なります。すなわち、備わっているものもあれば、備わっていないものもあるのが一般的です。そのため、備わっていないリーダーシップについては、意識して修得するか、場合によっては俳優として演技する必要があります。

そのため、コラム表7では、22項目のリーダーシップについて、その重要度を評価するとともに、そのリーダーシップが自分自身に備わっているかを評価してください。そして、重要度が高

コラム表7　演ずべきリーダーシップを抽出するための表

リーダーシップの内容	リーダーシップの重要度を5段階で評価	あなたのリーダーシップを5段階で評価	俳優として演ずべきリーダーシップの重要度
1．感情をコントロールする			
2．部下のスキルを伸ばす			
3．コミュニケーション上手になる			
4．自分の間違いを認める			
5．優秀な人・才能に気付く方法を学ぶ			
6．チームの一員である事を常に意識する			
7．成功や努力には賞讃を与える			
8．説教ではなくアドバイスをする			
9．人に投資する			
10．自由に柔軟に働かせる			
11．自分の居室に閉じこもらない			
12．何事にも疑ってみることが大切			
13．細かなことまで指示しない			
14．仕事・人生を楽しむ			
15．自らの失敗の責任はきちんととる			
16．部下の失敗についても責任を明確にする			
17．相手から信頼されるためには、まず相手を信頼する			
18．思いやりや気遣いを見せる			
19．仕事を後伸ばしにしない			
20．差別をしない			
21．適材適所で人を使う			
22．愛情を持って部下を導く			

注1）5段階評価の方法。以下の基準で「リーダーシップの重要度」と「あなたのリーダーシップ」を5段階で評価してください。
カッコの中は、あなたのリーダーシップの評価に関する説明である。
5－とても重要（とてもある）　4－やや重要（ややある）　3－どちらともいえない
2－あまり重要でない（やや不足している）　1－全く重要でない（非常に不足している）
2）俳優として演ずべきリーダーシップの重要度を、次のように記述してください。
◎－演じる必要性が高い　△－演じる必要性がややある
印無し－リーダーシップがあるので演じる必要はない

く、自分に不足しているリーダーシップを抽出して俳優として演ずべきリーダーシップの重要度を決定します。

この演ずべきリーダーシップの抽出表についても、是非、ご利用いただき、その結果を常にあなたが見えるところに掲示して、重要でかつあなたに不足しているリーダーシップを発揮すべき場面があったら、是非、俳優として演技してリーダーシップを発揮してください。

第8章　かっこいい、楽しい、儲かる農業で中山間地農業のイノベーションに夢をかける
―馬場園芸・馬場　淳《まこと》さんの挑戦

先人から受け継いだ生命・文化・風土を未来につなぎたいという思いで、中山間地農業のイノベーションに夢をかける。そのチャレンジは、まだ始まったばかりであるが、地域の風土に根ざしたホワイトアスパラガスのWin-Win型産地モデルで幸福創造業としての農業を目指す馬場淳さん。

1．はじめに

とにかく笑顔が素敵な馬場淳《ばばまこと》さんと筆者の出会いは、3年前の岩手県二戸農業改良普及センターの外部評価の席上であった。「え、なんでこんな若い人が普及の外部評価委員なの？」と正直びっくりした。しかし、評価に関する馬場さんの意見を聞いて、「若いのにかなりしっかりした経営理念に基づいて意見を言う若者だな！」とビックリし、いつか訪問してじっくり話を聞こうと決心した。第1回の馬場園芸訪問は、いわてアグリフロンティアスクール（注1）の現地研修で令和元年6月であった。この時の馬場さんの経営内容、経営理念、地域の発展にかける熱い思いを聞き、その思いの原点に迫りたくなった。念願かない、再度の訪問がかなったのはその年の10月であった。「もの心ついた時から農業を継ぐ」と心に決めていた馬場さん、独自の経営理念を若くして樹立した原動力、現役バリバリでまだまだ農業経営にチャレンジしようとしていた父親を差し置いて馬場園芸を株式会社にして代表取締役になった背景、さらには、ホワイトアスパラガスの生産・販売に取り組んだ背景、若者の流出が続く地域に農業を主とした雇用の場をつくり地域の資源・文化・生活を守りたいという青年経営者馬場さんの強い思いに迫りチャレンジの全貌をトレースしたい。

2．馬場　淳さんのルーツは浄法寺の風土

馬場淳さん（以下、淳さんと呼ぶ）は、1989年（平成元年）に岩手県二戸市浄法寺町で生まれた。浄法寺町は、奈良時代の728年（神亀5年）に僧行基が聖武天皇の命を受けて、八葉山と命

図8－1　寂聴さんの法話でいっぱいの境内

出所：https://gurutabi.gnavi.co.jp/i/i_22701

名し、山中の桂の大木を刻んで本尊聖観音菩薩とし、天皇直筆の額を掲げて開山したと伝えられる天台寺の寺町として、日本最北の仏教文化の地として発展した。最近では1976年、中尊寺貫主であった今春聴（作家今東光）が特命住職として寺の復興を担ったが、道半ばで病に倒れた。1987年から瀬戸内寂聴さんが住職を務め、その名が全国に広まり、参拝客で賑わった（図8-1）。筆者も天台寺を訪れ、厳しい自然の中で何度も飢饉を経験しながら生き抜いてきた北東北の人々の心の拠り所となった寺院であることが実感できるオーラが感じられた。

こうした信仰の地であるとともに、豊かな自然に恵まれた浄法寺町で淳さんの実家は200年以上続く農家（屋号・三右ヱ門・さんにもん）であり、淳さんはその9代目にあたる。馬場家は明治期に水田を購入して経営規模を拡大した地主層であった。祖父は青果物の仲卸をしながら水稲生産に先駆的に取り組む地域のリーダーであり、地域の農地の区画整理を積極的に推進するとともに、耕うん機や保温折衷苗代技術をいち早く導入した。父は東京で４年間青果物市場に勤務した後、浄法寺に帰り就農し、祖父の青果物の仲卸業務を引き継いだ。その後、実家では祖父と父との共同で水稲苗の委託販売事業を拡大し、平成に入ってから次第にその規模を拡大し、ピーク時には１３０００枚／年間の苗を製造販売した（現在は、７０００枚／年間）。また、水稲の育苗ハウスが空いた期間を有効活用するため、平成６年には青果の仲卸業務をやめて観賞用の菊やトルコギキョウ、葉物野菜を新たに導入し、水稲を核とした高収益複合経営を確立していった。

こうした地域をリードする専業農家の長男として育った淳さんは、高等学校卒業時に既に家の農業を継ぐことを決めていたという。農業後継に対する淳さんの本音を聞くため、「なぜ就農したかったの？　一度は外に出たくなかったの？」と意地悪な質問をした。それに対して、淳さんは、「浄法寺の自然が好きで、この自然の中で生活したかったので、都会にでる選択肢は全くありませんでした。また、農業に対するマイナスイメージは全くなく、家の農業を継ぐことも早くから決めていました。さらに、高校時代のアルバイトで、バイト先の作業改善の工夫を行い、農業経営の改善についても自分にはできる自信がありました」と答えてくれた。

3. 新たな農業へのチャレンジ

ホワイトアスパラガス生産のきっかけ

2007年（平成19年）には岩手県立農業大学校に進学した。農業大学校を選んだ理由を、淳さんは「即戦力になりたかった」「実学を学びたかった」と述べた。大学校では花き生産を学び2006年（平成21年）より、実家で就農した。父の経営を手伝いながら、21歳の時には「いわてアグリフロンティアスクール」の経営コースに入り、経営分析、経営戦略計画の策定手法を学んだ。このスクールでの1年間をかけた勉強の中で、将来の経営目標として「1億円農業の実現」という目標を作り上げた（図8-2）。しかし、1年間のいわてアグリフロンティアスクールの研修が終了して具体的な経営目標は作ったが、「自分が進む道が分からない」「何のために農業をやるのか分からない」「農業経営の目的が分からない」という経営の羅針盤がない状態であった。こうした状況の中で、親とは異なる淳さん独自の生産品目の模索が始まった。そうした中で注目したのが、浄法寺町の気象条件が活かせるアスパラガスの栽培であり、2013年（24歳）に初めて導入した。そのきっかけは、いわてアグリフロンティアスクールの現地研修で訪問した一戸町奥中山のアスパラ生産農家の取り組みであった。淳さんは、取り組んで2年間位は、グリーンアスパラガスの生産にチャレンジしたが、その後ホワイトアスパラガスの生産に転換した。ホワイトアスパラガスの生産に取り組んだ最大の理由を、淳さんは次の様に語ってくれた。「とにかく、冬が寒くて厳しい岩手県北の浄法寺町では、畜産以外に冬場の農業は無理であると思われていました。そのため、働き口を求めて地域の人々は昔は出稼ぎ、現在は地域から出て行って働くしかありませんでした。その

図８－２　現場視察を行うアグリフロンティアスクールの受講生
出所：http://iwatedai-hort.sakura.ne.jp/blog/2013/09/25/

結果、地域では人が減り、本当に寂しい状態になってしまいました。立地条件が悪い浄法寺町では企業を誘致することもできません。農業で如何に年間就労できるかが、地域が生き残る唯一の道です。そのため、農業で冬場でも働ける仕事を作りたかったのです。その一つの選択肢が冬採りホワイトアスパラガスの生産だったのです」

経営に目覚める

眠っていた淳さんの経営者としての能力・センスを呼び覚まさせてくれたのが、２０１５年に入会した岩手県中小企業家同友会の活動であった。中小企業家同友会は、１９５７年に設立された都道府県の中小企業家同友会による協議体で、47都道府県で４７０２２人の企業経営者が参加している。その取り組みは、中小企業家が自主的に参加し、手作りの運営を心がけ、中小企業家のあらゆる要望に応えて活動する点に特色がある。

活動の目的は、次の三つに置かれている。①会員の経験と知識を交流して企業の近代化と強靭な経営体質をつくる、②中小企業家が自主的な努力によって、相互に資質を高め、知識を吸収し、これからの経営者に要求される総合的な能力を身につけることをめざす、③中小企業をとりまく、社会・経済・政治的な環境を改善し、中小企業の経営を守り安定させ、日本経済の自主的・平和的な繁栄をめざす。

その活動の主たる取り組みは、次のとおりである。①会員の経営体験に基づいた例会（会員経営者の経営体験報告を聞き、小人数のグループに分かれて討論を行うというスタイルで実施）、②経営指針確立の運動（経営指針は経営理念、経営方針、経営計画を総称）。特に「何のために経営するのか」「自社の存在価値は何か」が問われる。③社員教育活動「働かされる」のではなく、自分の頭で考えて行動し、顧客の求めるものに積極的に仕事で応えられる社員の育成を目指す。

淳さんが参加した岩手県中小企業家同友会では、県内の地域ごとに結成された支部単位での活動が中心となる。ほぼ支部単位で月1回の定例の会合を開き、会合では会員が自らの経営活動の成果を報告する形で進められる。会費は7000円／月である。淳さんは県北支部の活動だけでなく、興味があればその他の支部の活動にも積極的に参加した。

ここで淳さんは、特に「経営指針づくり」に大きなエネルギーを注入した。そのため、地域の農業の歴史を学び「昔は白いごはんを腹一杯食べられることは当たり前ではなかった」ことを知り、父の農業への思い「子供たちを〝おがす（育てる）〟ため、食べる人に喜んでほしい」を知り、「次の世代により豊かな食をつなぎたい」という自らの思いを知り、次の経営理念を創出した。

＊私たちは、先人から受け継いだ、生命、文化、風土を未来につなぎます
＊私たちは、生活と農をつなぎ、人生をより豊かにします
＊私たちは、関わる人全てに感謝し、共に育ち合い、社会に貢献します

現在の経営状況

▼馬場園芸の沿革

近年における馬場園芸の歩みは、以下のとおりである。

平成元年　水稲苗の受託生産事業開始
平成6年　観賞用の菊の生産事業開始
平成10年　代表　馬場弘行　就任　馬場園芸を名乗る
平成25年　冬どりアスパラガスの生産開始
平成29年　屋号である三右ヱ門（Sannimon・さんにもん）ブランド立ち上げ
　　アスパラガスの業務向けの販売開始
平成30年　株式会社馬場園芸設立
　　代表取締役　馬場　淳　就任
　　取締役会長　馬場　弘行　就任
　　岩手県農林水産振興協議会「明日を拓く担い手賞」受賞

馬場園芸の歩みからも分かるように、馬場園芸がその経営のスタイルを確立したのは平成に入ってからであり、平成21年（2009年）に淳さんが経営に参画してからの変化は目覚ましい。

▼馬場園芸の経営概況（２０１９年度）
水田　水稲作付面積　３ha、転作アスパラガス　１・２ha
畑　アスパラガス　80ａ、緑肥　１・５ha
ハウス（16棟　１２００坪）
９棟　水稲育苗（９０００箱）、スプレー菊、ホウレンソウ・ルッコラを中心とした葉物野菜
７棟　スプレー菊、ホワイトアスパラガス、葉物野菜
労働力　家族５名（淳さん、両親、祖母、妹）
雇用３名（正社員1名、パート2名、いずれも通年雇用）
農産物販売額（２０１８年）
菊　２０００万円、水稲販売額　２００万円、水稲苗販売＋作業受託　７００万円
アスパラガス　５５０万円（台風被害を受けて減収、２０１９年は１５００万円）
野菜類　２００万円

馬場園芸では、経営全体のコストの見積もりを４０００万円、損益分岐点を４５００万円と見積もっており、自然災害がなければ、損益分岐点を上回る収益が実現できている。

現在の経営の主力となっているスプレー菊については50品種と少量多品種生産を基本としている。販売先は、盛岡生花市場と地元産直が50％、大阪の生花市場が20％、自社でのギフト販売が30％である。

株式会社設立と同時に若干28歳で代表取締役に就任

平成25年（2013年）より冬どりアスパラガス生産に地域で先駆的に取り組んだ。しかし、農協の販売単価では利益確保が難しいのと、商品の本当の価値、生産者の思いを届けるのが難しいと判断し、平成28年（2016年）から自ら販売に乗り出した。地域のレストランに直接販売を行い、フレンチ、イタリアンのレストランのシェフのニーズを探索した。アスパラガスの生産に関しては、父親も賛成してくれた。

2009年（平成21年）に本格的に家業を継いだ淳さんは、当初から年間を通して雇用を維持できる職場環境を作り、地域に雇用の場を創出したいと強く考えていた。そうしたなかで考えついたのが菊栽培の遮光設備をそのまま利用できる、冬期間のホワイトアスパラガス生産であった。2017年にはホワイトアスパラガスに特化した直接販売を開始し、現在の経営基盤を形成した。

淳さんの就農後のチャレンジには、次の三つのターニングポイントが存在する。

第1のターニングポイントは、平成27年（25歳）の中小企業家同友会への入会である。この同友会の活動の中で、「何のために農業をするのか?」「次の世代により豊かな食をつなぎたい！」「父親の農業への思いと向き合う！」を考え、経営理念と経営の方向性に真摯に向き合った時期である。「この時期があったからこそ、馬場園芸を株式会社にすることができた」と淳さんは語る。

第2のターニングポイントは、平成28年（26歳）のアスパラガスの直接販売の開始である。フレンチ、イタリアンのレストランへ自ら売り込みに行くとともに、地域の直売施設、インターネットでの販売にチャレンジした。幸い、浄法寺町には肥沃な土、ミネラル豊富な水、澄んだ空気、昼夜の寒暖差など、上質なアスパラガスを育てるための条件が揃っており、ストーリー性豊かなアスパラガスをお客様に届けることができ、直接販売でユーザーのニーズを正確につかむことができた。

第3のターニングポイントは、平成29年（27歳）のホワイトアスパラガスへの生産・販売のシフトと、エネルギーシフト欧州視察への参加である。ホワイトアスパラガスへのシフトを容易にしたのは、スプレー菊の栽培で利用していた遮光設備をそのまま利用できたことにある。これによって多くの投資を回避できた。また、冬場の加温のためのボイラー設備についても、地域の水稲生産で出るモミ殻を有効利用するようにしたのもエネルギーシフト欧州視察の影響が大きいという。

こうした三つのターニングポイントに基づき、平成30年（28歳）に株式会社馬場園芸を設立し、淳さんが代表取締役に就任した。株式会社を設立した背景には、①家計と経営を明確に分ける、②ホワイトアスパラガスの導入で経営の方向性が見え、雇用の導入を決意したこと、③経営の理念と将来ビジョンを描けたこと、がある。この思いを父親に伝え、自分に代表取締役として経営のかじ取りをさせて欲しいと父親を説得した。水稲の育苗受託とスプレー菊の生産で馬場園芸の経営基盤を確立した父親であるが、アスパラガスの生産で経営の3本目の柱を作った息子の技術、経営センスを認めていた。また、口には出さないが、ホワイトアスパラガスの可能性と、直接販売強化のためには株式会社化を認めざるを得なかったという判断があった。

若干28歳の代表取締役誕生である。

4月に代表取締役に就任した淳さんは、5月11日に株式会社馬場園芸の経営指針発表会を、社員、関係者及び関係機関参集の中で実施し、内外に新しい馬場園芸の誕生を発信した。

ホワイトアスパラガスの技術革新とマーケティングへのチャレンジ

馬場園芸のホワイトアスパラガス生産は、浄法寺町の豊かな自然を抜きには考えられない。淳さんが取り組んでいるのは、１年目の根株を圃場から掘り取り、それをハウス内の温床にぎゅうぎゅうに詰めて伏せ込み、伸びてきた若茎を日に当てずに収穫する「伏せ込み栽培」である。淳さんは、馬場園芸のホワイトアスパラガスの特徴を次のように語ってくれた。「冬は寒さが厳しい浄法寺ですが、夏はしっかりと気温が上がり、アスパラガス株は旺盛に生育し、株に多くの栄養を蓄えます。また、秋が早く訪れ、一定期間低温にあたったアスパラガスは萌芽の準備を始め（休眠打破）、全国でも生産量の少ない12月上旬から、フレッシュな冬採りホワイトアスパラガスを出荷することが可能となります。また、モミ殻温水ボイラーで温度管理をしても、ハウス内の温度は夜間には５度前後まで低下し、呼吸による糖の消費が抑えられ、より甘みの強いホワイトアスパラガスの生産が可能となります。遮光ハウスのなかに２重に設けた遮光トンネル内で栽培するため湿度が高く保たれ、ジューシーな食感に仕上がるのも馬場園芸のホワイトアスパラの特徴です。そのみずみずしさは、折口からアスパラのジュースがしたたり落ちるほど。ほかにはないこの甘さとジューシーさから、商品名を『白い果実』と名付けました。この冬採りホワイトアスパラガス『白い果実』は、浄法寺の自然と大地、そしてこの地で農業を続けてきた先祖たちの歴史と知恵が生み出した食財だと私は考えます」

アスパラガスの農協販売から自社販売に切り替えた背景には、「白い果実」と名付けた冬採りホワイトアスパラガスの商品としての特性と価値を自らお客様に伝えたいと考えたからである。そのため、地元のイタリアンやフレンチのレストランに出かけて商品を説明（図８-３）するとともに、

冬採りホワイトアスパラガス「白い果実」

冬採りグリーンアスパラガス

鮮度にこだわり、収穫して即日発送いたします。

名称	規格	1本あたりの重さ	太さ	1パック本数	販売期間
A: 冬採りホワイトアスパラガス「白い果実」 B: 冬採りグリーンアスパラガス	Excellent	53g以上	1.9cm以上	10	12/15 ～ 3/15 ※生育状況に応じて変更あり
	3L	40～52g	1.5～1.8cm	10	
	2L	30～39g	1.2～1.5cm	15	
	L	22～29g	1.0～1.2cm	20	
	M	16～21g	0.8～0.9cm	30	
	S	11～15g	0.6～0.7cm	40	
	ソバージュ(大)	8～10g	～0.5cm	50	
	ソバージュ(小)	～7g			

発注リードタイム	発送形態	出荷日	出荷温度帯	発送業者
2日	段ボール	月・水・金	冷蔵	ヤマト運輸

※ホワイトアスパラガスの発生状況によって販売開始日が遅れることがございます。また、その時々のアスパラの発生状況により翌日発送できない場合がございますので、その際はご連絡させていただきます。

※要冷蔵0～5℃で保管してください。

※グリーンアスパラガスの発送は水曜日のみとなります。

※サンプルは500g（送料・税別）で発送させていただきます。

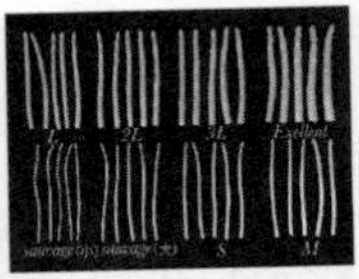

ユーザー目線で選び抜いた自社独自規格を採用

流通の都合ではなく、使う人の目線で規格を新たに設定いたしました。より太さを重視したことで、イメージ通りの一皿に仕上げることができます。

図８－３　直接販売に取り組む

出所：馬場園芸資料

図８－４　販売のためのパンフレットと商談会参加

出所：馬場園芸資料

アグリフードEXPOなど東京で開催される商談会（図8-4）にも積極的に参加した。またホワイトアスパラガス「白い果実」の商品の秘密・価値を伝えるための農場訪問・交流イベントを開催（図8-5）するとともに、メディアで企業ビジョンや取り組みを積極的に発信し、お金をかけない広報（図8-6）を展開した。

図8-5　消費者交流会の案内

出所：馬場園芸資料

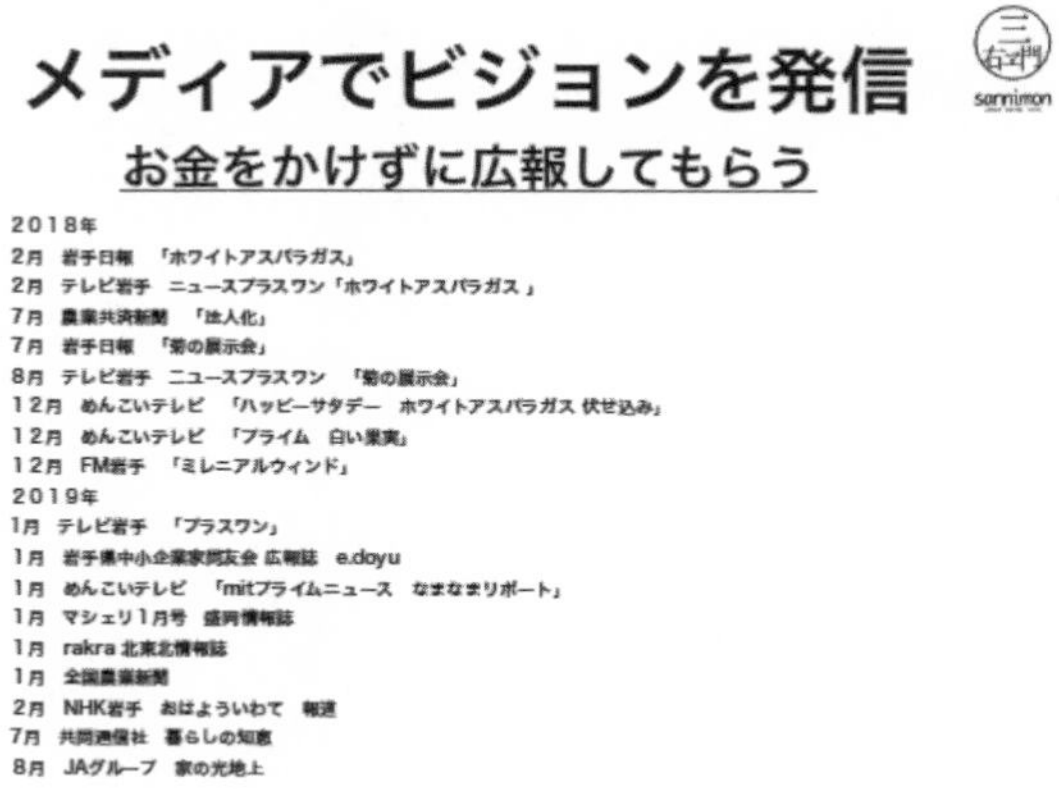

図8-6　お金をかけない広報

出所：馬場園芸資料

こうした取り組みの中で次のような淳さんらしい販売・営業の基本方針を構築した。「売るのではなく、選んでいただく。商品・サービスだけでなく、ビジョン、人間性、企業活動全てを価値とし、販売する。販売なくして事業なし。新規開拓なくして成長なし」

また、販売・営業の基礎となるのがマーケティング（お客様を創造する活動）であると考え、常にお客様目線で満足を追求することと理解している。そのため「『モノ』を買っていただくのではなく、『こと（価値）』を買っていただく」ことが大事と淳さんは主張する。

また、販売・営業の戦略・戦術の基本を次のように決めている。

①掛け算の商品（商品×1か月の購入回数×月数）を買っていただく。

②企業活動すべてを価値として、お客様に伝える。ファンはものではなくて、ヒトにつく。

③戦術としては、直接営業に行く回数を増やす、商談会に参加する、HPによる情報発信と見てもらう工夫、プレスリリースの発行、自社イベントの開催の実施、また値下げ交渉とリードタイム（商品発送までの時間）の短縮以外のお客様の依頼には可能な限り応える。

4. 馬場園芸の組織（企業）風土の構築を目指して

淳さんは非常に若い農業経営者であるが、これまでの農業経営者には見られないユニークな経営者としての特性・資質を持っている。経営者として様々な新機軸を次々と打ち出している淳さんであり、一面的にとらえることは難しいが、彼のこれまでのチャレンジを一言で言うならば、「馬場園芸の組織（企業）風土の構築を目指す」といえよう。組織風土とは、「組織の成員のモチベーションや行動に影響する客観的、主観的な組織全体の特性。組織の客観的特性は、技術システム、組織構造、リーダーシップ・パターンや経営方針、報酬制度などの諸要素の特性を指している。組織の主観的な特性とは、組織に働く成員が主観的に知覚する組織全体の特性である。リーダーシップ・パターンが組織の主観的特性を形成する主要な能動的要因とみなすことができる（注2）」

以下、組織風土の視点から新世代経営者としての淳さんのリーダーシップを評価する。組織風土の客観的な特性としての、技術システムや販売・営業システムについては、すでに述べてあるので、リーダーシップ・パターンと経営方針について整理する。まず、リーダーシップ・パターンであるが、基本的にはこれまでの農業生産、農業労働に対するイメージを払拭し、新たな食（フード）企業の創造を淳さんは目指している。そのため、「農業＝幸福創造業」と捉え、①労働生産性の高い農業の実現、②関わる人すべてをハッピーにする（四方良しの関係）を目指している。事業に対する考え方は、図8‐7に示したように、売上高＝お客様の満足、固定費＝給与＋会社の維持＋成長のパワーの源、変動費＝パートナーが与えてくれた付加価値、付加価値＝幸福創造価値、と整理して従業員に伝えている。また、こうした経営者の考え方は、パート募集のチラシにも明確に表現されている。

さらに、組織風土を活かした農業経営に対する基本的な考え方は、「生活と農をつなぐ」「汚い、きつい、もうからない」から「かっこいい、楽しい、儲かる」農業へ、「共に育つ風土を」「すべてに感謝」に置き、馬場園芸の存在意義を、「八方良しの関係」の中で位置付けている、八方とは、①社員、②取引先、③株主、④顧客、⑤地域、⑥社会、⑦国、⑧経営者、の八つである。また、馬場園芸は、次の四つのミッションと五つの行動指針を掲げている。

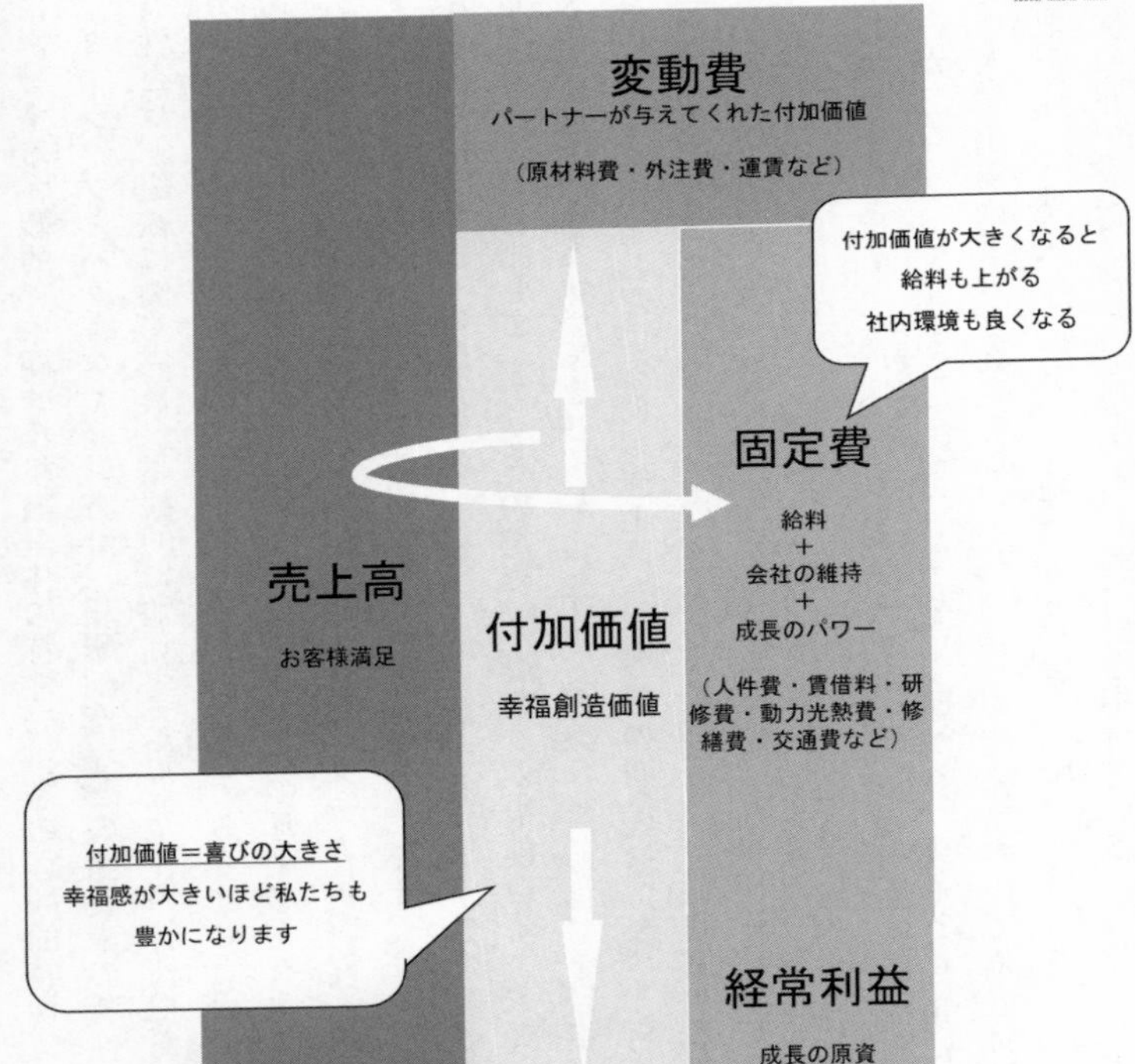

図８－７　事業の考え方

出所：馬場園芸資料

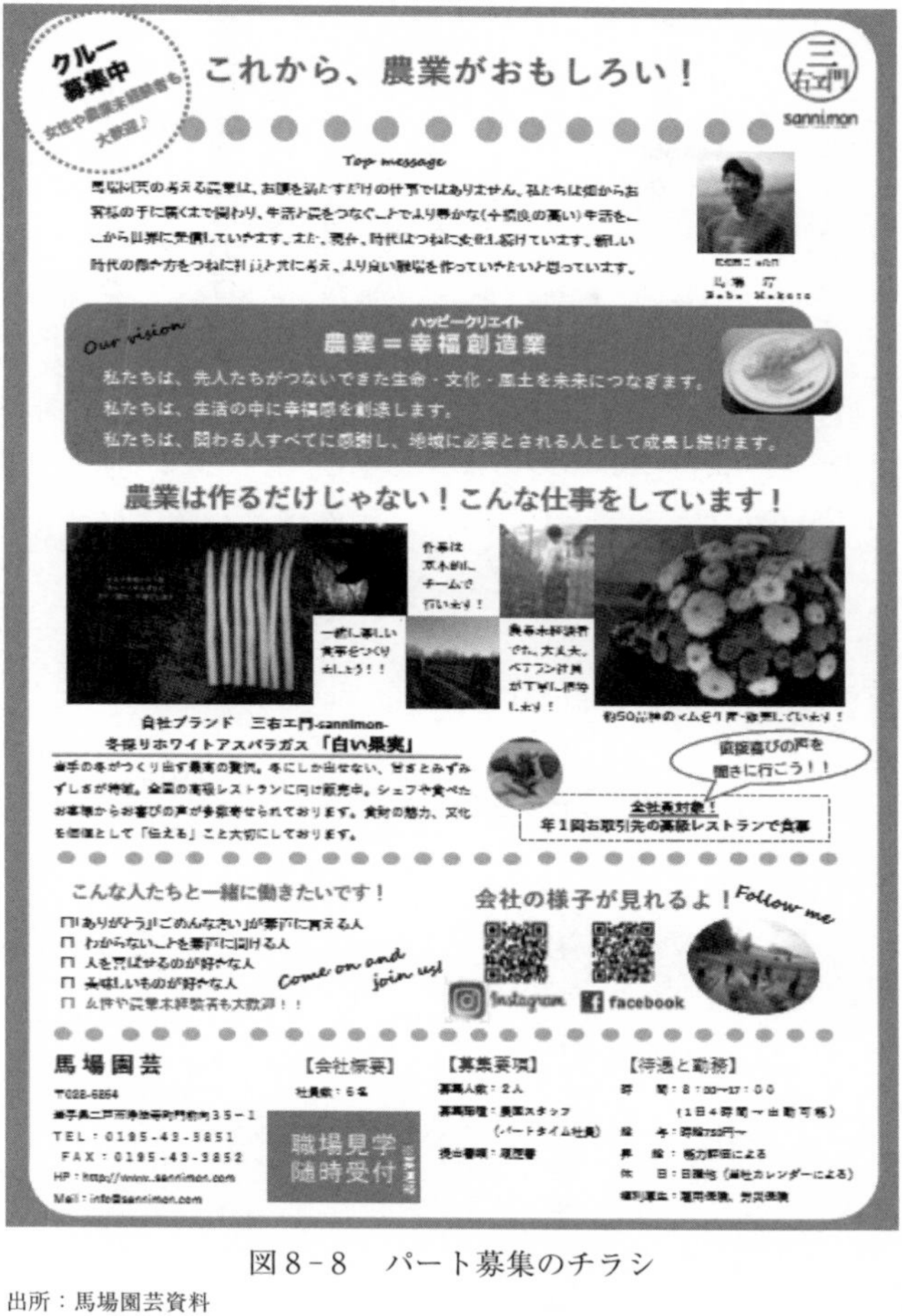

図8－8　パート募集のチラシ

出所：馬場園芸資料

▼馬場園芸四つのミッション

①「つくる」を、「食べる」を、もっと近くに

②トータルフードデザイン

③新しい食文化と食料供給モデル

④世界をマーケットとした農業生産モデル

▼馬場園芸五つの行動指針

①感謝の気持ちを常に持ち、言葉にする

②高い志を常に持つ（ムリだと決めつけない）

③パートナーを尊重する

④嘘をつかない

⑤失敗を恐れず挑戦する

さらに、淳さんは、次の約束を社員、地域に向けて発信し、社員・地域重視の経営姿勢を明確にしている。

▼社長の約束

①社員とその家族をより幸せにします

②仕事が楽しい会社の文化をつくります

③ビジネスで地域を元気にします

④目標経常利益達成時にはその利益を全社員に還元します

⑤会社の利益責任は、社長ただ一人の責任です

5. 10年後の馬場園芸の姿を描く

淳さんは、馬場園芸および馬場園芸に関わる地域農業の10年後（2029年）の目標を次のように設定している。

・売上高3億円、社員数35人（うち正社員15人）
・ホワイトアスパラガス生産量、日本一のまち
・ホワイトアスパラ祭り2月10〜12日、世界から10万人の来場
・4時退社　自分と家族の有意義な時間の確保
・高齢者・障害者が活躍できる環境をつくる
・地域資源（堆肥・肥料）を地域内循環させる仕組み
・GLOBALG.A.P. 取得、有機ＪＡＳ認証取得

また、社員の待遇については、「10年後の社員の未来像」として、次の目標を設定している。

①高収入を実現する。全国の農業生産法人の平均所得よりも10％高い所得を目指す
②終身雇用制とする
③完全週休2日制、年に1度長期休暇2週間
④残業ゼロ
⑤子育て世代が働きやすい職場、託児所をつくる
⑥目標経常利益達成で、30％を全社員に還元
⑦フレックスタイム制ができる社内環境を作る

⑧退職金制度を開始する

また、社員のキャリアデザインを三つのコースに分けて提示し、社員の多様な目標を後押しできる経営を目指している。

①幹部コース（部長以上）

農業における知識、技術を身につけ経験を積む。その後、経営者として必要なスキルを身につけ、会社の未来を作っていく。

②独立コース（生産協力農家の育成）

作物別リーダーを数年間経験する。作目別リーダーに昇格後は、初級社員の指導と担当作物の栽培計画の作成、実行、確認、見直し（ＰＤＣＡ）を自ら考え実行する。こうした経験を積むことによって、より早い独立が実現できる。また、独立した社員が生産したホワイトアスパラガスは馬場園芸が全量買い取り販売する。

③クルーから正社員への昇格

クルーを経験した者は、正社員に昇格することができる。

このような馬場園芸の将来の姿を実現するためのビジネスモデルとしては、食の生産・加工・販売までをトータルにとらえるフードデザインとして図8-9のように描かれている。

また、以下の七つの戦略に基づいて中期計画（２０２４年まで）と単年度計画を作成している。

製品戦略　土作りからお客様に届くまで、『うまい』を追求する

営業戦略　企業活動全てを価値とし、お客様へ伝える

組織戦略　社員と家族の幸せのために、より良い労働環境にする

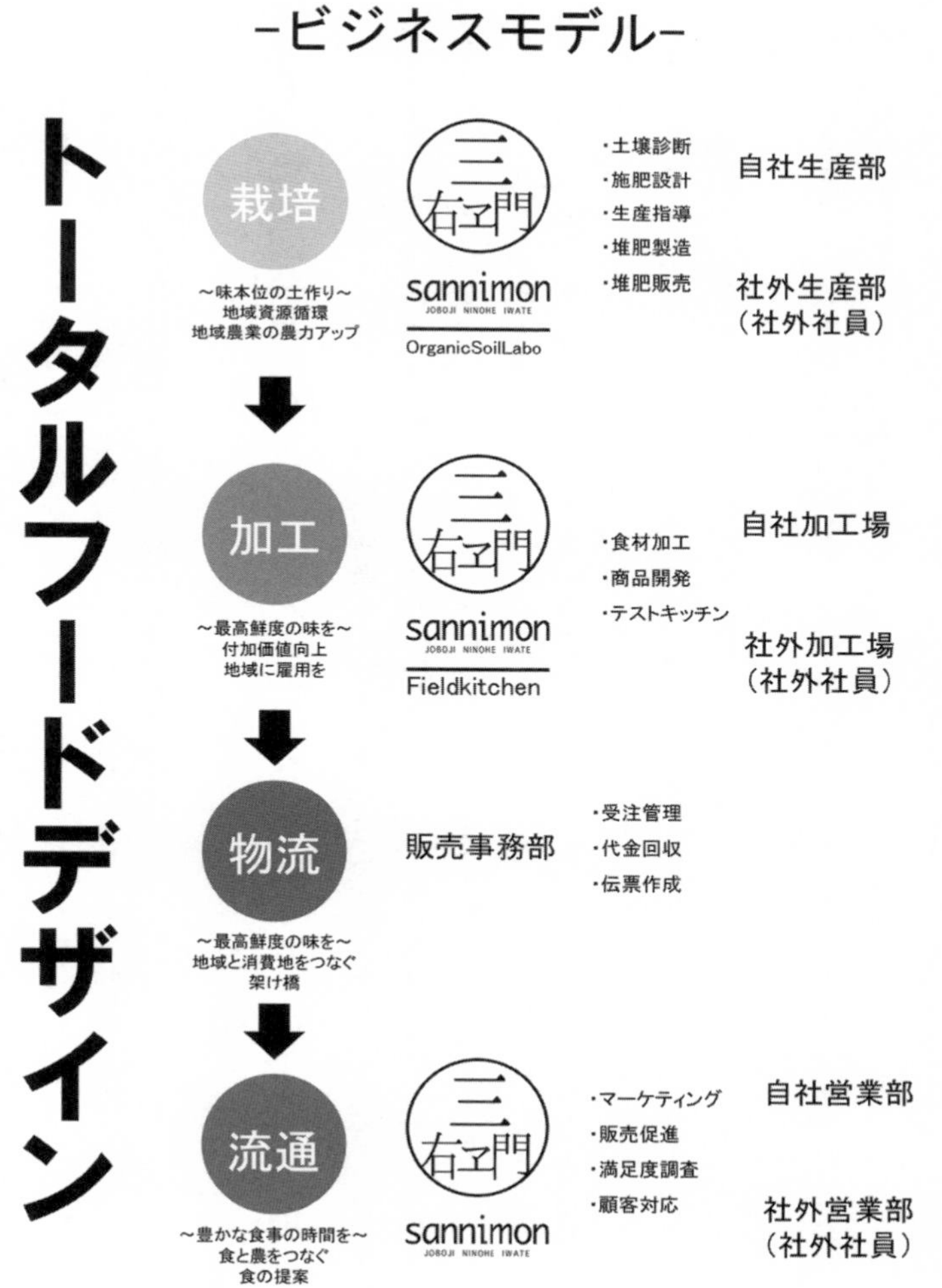

図8－9　馬場園芸のビジネスモデル

出所：馬場園芸資料

財務戦略　キャッシュを増やし、会社の基盤をつくる
共同体戦略　理念を共有できる仲間と共に成長し、継続的に発展する
エネルギー戦略　持続可能な地域社会をつくり、次世代に住み良い地域をつなぐ
共育戦略　人づくりは地域づくり　共に学び、共に育つ

6．馬場園芸が描くホワイトアスパラガスのＷｉｎ－Ｗｉｎ型産地モデル

馬場園芸が立地する浄法寺町は、岩手県を代表する葉たばこ産地であり、後継者も地域に残っている。また、たばこ農家の後継者には淳さんの同級生も多い。常に故郷「浄法寺町」の発展を願う淳さんは、たばこ農家と一体でホワイトアスパラガスの日本一の産地づくりを目指している。その基本は、冬場の仕事づくりにある。12月から3月までの80日間で収穫を行うホワイトアスパラガスの伏せ込み栽培は、葉たばこ農家と作業競合が発生しない。ホワイトアスパラガスの生産にあたっては、土壌診断、施肥設計、栽培技術など、馬場園芸がこれまで蓄積した、あるいはこれから蓄積するであろう全ての技術ノウハウを葉たばこ農家に提供する。生産されたホワイトアスパラガスは、全量馬場園芸が買い取り、独自の規格・販売方法、販売ルートで責任をもってできる限り高い価格で販売する。

この仕組みは筆者がこれまで研究してきたフランチャイズ型の農業経営組織と呼べるものであり、今後の農業経営の一つの経営形態を示すものである（注3）。おそらく、このフランチャイズシステムが完成できるか否かが淳さんが描く馬場園芸を中心としたホワイトアスパラガスのＷｉｎ

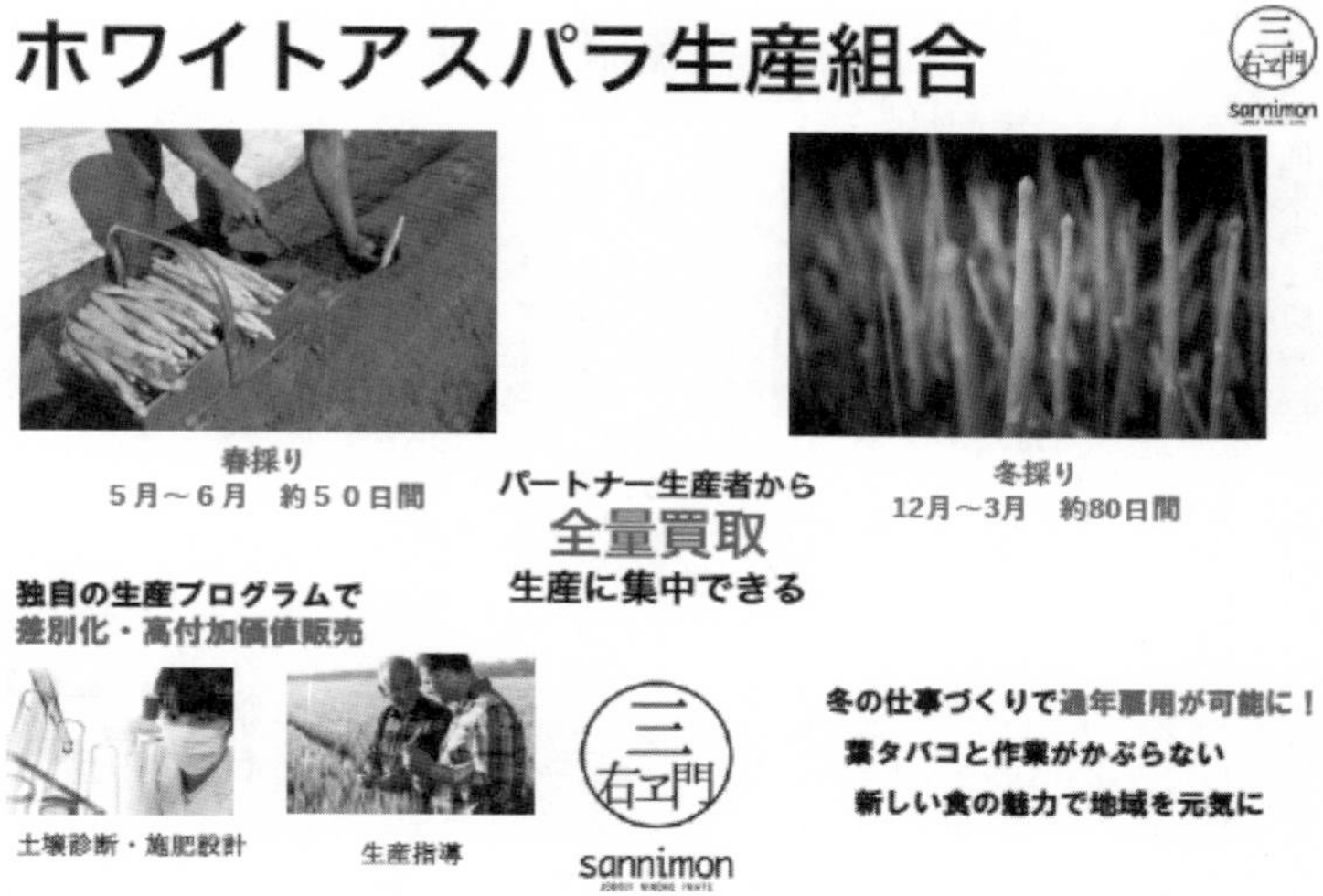
ホワイトアスパラ生産組合
三右ヱ門
sannimon
春採り
５月～６月　約５０日間
パートナー生産者から
全量買取
生産に集中できる
冬採り
12月～3月　約80日間
独自の生産プログラムで
差別化・高付加価値販売
土壌診断・施肥設計
生産指導
冬の仕事づくりで通年雇用が可能に！
葉タバコと作業がかぶらない
新しい食の魅力で地域を元気に

図８-10　ホワイトアスパラガスの産地づくりのフランチャイズシステム
出所：馬場園芸資料

－Ｗｉｎ型産地モデル成功のカギを握るであろう。

7．おわりに―馬場園芸の未来に期待

「かっこいい、楽しい、儲かる農業」で先人から受け継いだ生命・文化・風土を未来につなぎたいという思いで、中山間地農業のイノベーションに夢をかける馬場園芸・馬場淳《まこと》さんのチャレンジは、まだ始まったばかりである。

しかし、平成生まれの驚くほど若い経営者である淳さんであるが、その経営理念は地域の風土に根ざし、経営者として従業員共生、地域共生、そしてステークホルダーとの共生を目指す新時代の自利と利他の統合を目指す斬新なものであ

る。

また、この経営理念から導かれたのが、これまでの農業生産、農業労働に対するイメージを払拭し、新たな食（フード）企業としての「農業＝幸福創造業」の発想である。さらに馬場園芸の存在意義を、「八方良しの関係」の中で位置付け、馬場園芸のユニークな四つのミッションと五つの行動指針、社長の約束を構築している。淳さんは、こうした経営理念や経営ビジョン、経営の在り方、さらには経営戦略を文章化して、社員、関係者に提示し、経営者として自らにプレッシャーを与え、行動の原動力としている。

これまで、多くの農業経営者と出会ってきた私であるが、淳さんほど理念や将来の経営の姿、地域農業の進むべき方向について発信できる若い経営者に出会ったことは初めてである。新世代農業経営者として馬場園芸・馬場淳さんの今後の活躍を注目し続けたい。

（注1）「いわてアグリフロンティアスクール」は、国際競争力のある高生産性ビジネス農業を育成すべく、経営感覚・企業家マインドを持って経営革新、地域農業の確立に取り組む先進的な農業経営者を養成するという教育理念に基づいて2004年に設立された「いわて農業者トップスクール」（岩手大学・岩手県農林水産部の共催）として開始され、2007年から「いわてアグリフロンティアスクール」として文科省「社会人の学び直しニーズ対応教育推進プログラム事業」に採択され、所定の成績を修めた者を「アグリ管理士」として認定することが可能となった。2013年からは岩手大学・岩手県・JAいわてグループによる協議会運営となり継続している。2016年度より、従来の「農業経営科目群」に加え、新たに「6次産業化科目群」と「農村地域活動科目群」

を設定し、より学びたい分野に応じて教育プログラムを選択できるようになった。現在、アグリ管理士を取得した卒業生は300人以上に達し、岩手県の農業をリードする人材に育っている。

（注2）占部都美編著『経済学辞典』中央経済社、1997、416〜418より門間要約。

（注3）門間は、フランチャイズ型の農業経営組織を次のように定義している。「企業的農業経営者が知識やノウハウ・技術開発・情報の受発信などの手段を活用して、一定の地域範囲もしくは全国段階で同様な経営目的・形態をもつ農家を統合して経営の標準化を実現して多様な実需者ニーズに対応する経営組織」（門間敏幸編著：『日本の新しい農業経営の展望―ネットワーク型農業経営組織の評価―』、農林統計出版、2009、3頁）

コラム11
経営理念と経営倫理について

経営目的、経営戦略を作り上げるとともに、経営者のリーダーシップで重要なのが経営理念の創出です。経営理念とは、経営者が企業経営をどのような価値観、経営態度をもって行うかといった価値に関わるものであり、経営目的設定の前提となる考え方です。まさに、経営者にしかできないリーダーシップの重要な要素です。

すなわち、「経営を通して地域社会の発展に貢献する」「新しいスタイルの農業経営を創る」「すべての従業員が意欲をもって働ける経営を行う」「消費者の笑顔、利益の実現に貢献する」「地域の自然・資源との共生による持続的経営の実現」「高齢者の知恵と技を活かす経営」といった経営者の価値観を表すのが経営理念といえるでしょう。

経営理念は、従業員に企業存在の意義を伝え、経営体へのロイヤリティ（忠誠心）・貢献意識を高めるとともに、その企業で働くことの喜び・幸せ・夢、事業展開の判断基準を提供するものでなければなりません。

一方、企業の基本的な方針を示す価値観として経営理念とともに重要なのが経営倫理です。経営倫理は、経営目的を実現するために経営体として守るべき道徳的な判断基準を示したものです。例えば、「コンプライアンス（法令順守）」「地域の農業環境・景観を守る」「労働災害を起こさない」「安全・安心な農産物・食品の生産」「農福連携を促進する」「従業員の生活を守る」「地域の発展につながる経営を行う」等のように、具体的な経営活動の中で常に採用する道徳的な判断基準といえるであろう。

コラム12 経営理念の作り方

▼経営理念の作り方

経営理念は、経営者の重要なリーダーシップの源泉として経営者が作り上げるものです。もし、あなたが創業者であり、あなたの意志を引き継いで経営体を持続的に存続させたいなら、創業者の経営理念をきちんと作り上げ、次世代につなげていくことが大切です。そのためにも、時代の変化、社会の価値観の変化に左右されない、経営理念を作り上げることが求められます。経営理念の作り方を支援するための最適な方法はありませんが、次のような方法で実施することができます。

①他の企業の経営理念を調べる。関連する企業の経営理念をできる限り調べる。なるべく幅広く集めることで思いもかけない経営理念に出会えます。参考にできそうな経営理念をメモやカードに書き留めておきます。こうして集めた情報を参考にして自らの経営理念を創ります。

②経営者自身の経営理念に対する考え方を、メモやカードに書き留めておきます。

③①と②でまとめたメモを集めて、内容を分類整理して経営理念の素案を作ります。

④作成した経営理念の案を、「自らの価値観に適合しているか」「従業員に受け入れられるか」「次世代の経営者、従業員に受け入れられるか」「地域の人々、顧客の共感を得られるか」といった視点から評価します。

⑤経営理念の素案を従業員とともに検討して全社のものにします。

コラム表8　経営理念作成シート

◆自社の強みを3つ挙げてください	◆自社の改善点を3つ挙げてください	◆あなたが描く理想の会社像を示してください
◆あなたはなぜ経営者になったのですか	経営理念 (10のポイントに基づいて経営理念を作成してください)	◆経営者として社員への約束をしてください
◆経営者として大切にしている価値観・人生観は何ですか		◆経営者として顧客、取引先への約束をしてください
◆経営者として守るべき信条を3つ挙げてください	◆経営者として一番したいことは何ですか	◆経営者として地域社会への約束をしてください

コラム表8は、筆者が農業経営者、農業経営の起業を考えている社会人を対象に実施している経営理念を自ら作るための作成シートです。この経営理念作成シートは、経営者自らがその経営に対する考え方、価値観に基づいて、次の10のポイントを整理しながら作り上げます。

▼企業の特性評価

①自社の強みを三つ挙げる、②自社の改善点を三つ挙げる、③理想の会社像を示す。この3項目は、企業の特徴に関する経営者の理解を示すものです。

▼経営者としての約束

④経営者としての社員への約束、⑤経営者としての顧客、取引先への約束、⑥経営者としての地域社会への約束をします。農業経営の場合、地域資源の活用、地域の人々の雇用、取引先との顔の見える関係等であり、これらの利害関係者に対する経営者の考え方を整理することが重要です。

▼経営者としての価値観

⑦経営者になった理由、⑧経営者として大切にし

ている価値観・人生観、⑨経営者として守るべき三つの信条、⑩経営者として一番したいこと。

この四つは、経営者の価値観を明確にするための項目です。経営者になった理由、価値観や人生観、守るべき信条、一番したい事などを整理します。

最後に、これらの整理に基づいて表の真ん中に経営理念をまとめます。

第9章　生きることは食べること。地域の仲間とともに米が主役の食卓づくりを目指す
―黒澤ファーム・黒澤信彦さんの挑戦

　お米の黒澤ブランドを創り上げるための苦労と行動力のエネルギーは、地域の発展に対する強い思いから生まれた。消費者のニーズを自らつかみ、経営のイノベーションに結びつけ、次々と新たなチャレンジを実践する現代の篤農・黒澤さんから学ぶことは多い

図9－1　黒澤ファーム全景

出所：黒澤ファームHPより

1．はじめに

地域の中で長い間家族で農業を営んできた農家は、地域を活かし、地域に活かされ、地域の自然の中で生業として農業を持続してきた。そのことが時に新たな経営展開の足を引っ張ることもあるが、地域を離れて経営を展開することは難しい。

本章で紹介する山形県南陽市の農事組合法人・株式会社黒澤ファームの代表取締役の黒澤信彦《くろさわのぶひこ》さんは、450年続く農家の21代目として地域の特徴を活かした新たな稲作経営を展開するとともに、地域農業の発展に力を注いできた先端的な農業経営者であり優れた農村リーダーでもある。

ここでは、農業経営者としての黒澤さんのリーダーシップを、経営展開のプロセス、経営理念と信条、農業技術、品質管理、販売・マーケティングの視点から評価するとともに、農村リーダーとして地域の個性ある担い手農家の組織化、地域の特性を活かしたブランド米づくり、外に開かれたむらづくり活動の組織化といった視点から整理する（図9－1）。

図9－2　豊かな自然が広がる南陽市漆山地区

出所：筆者撮影

2. 黒澤ファームの発展プロセス

黒澤信彦さん（以下、黒澤さんと呼ぶ）は、山形県南陽市の米農家の長男として1964年（昭和39年）に生まれた。祖父、父は地域の重要な役職を担ってきた地域のリーダーであり、その子である黒澤さんに対する地域の人々の見る目も将来の地域のリーダーになることを期待するものであった。そうした無言の重圧を感じながら、黒澤さんは農業経営者の道を目指すべく置賜農業高校で学んだ。卒業後は航空自衛隊に入隊し、3年後の1986年（昭和61年）に就農した。就農時に地域の先輩から「黒澤、お前は自分らしくやれば良い」と言われた言葉が今でも心の中に残っているという（図9-2）。

就農時の経営内容は、水田2.8ha、サクランボ40a、洋ナシ20aの水稲・果樹の複合経営であった。当時は、担い手農家の規模拡大を国が政策として推進しており、黒澤家でも規模拡大を進めた。当時は現在のように借地による規模拡大が一般化しておらず、農地を５ha購入して規模拡大した。当時は農地価格がまだ高く、３０００万円の借金を抱えた。63年には洋ナシをサクランボに転換した。その後も若干の農地を購入し、ほぼ現在の経営耕地面積に近い所有農地10ha、借地９haの経営規模となった。

当時の水稲品種の主力は、山形県が育成し１９９３年に品種登録した「はえぬき」であった。当時、黒澤さんは生産した米は全て農協に出荷していた。１９９１年から米の産直にチャレンジしたが、「はえぬき」の知名度は低く、魚沼コシヒカリ、ひとめぼれ、あきたこまちに比較して人気が出なかった。そうした時、農林水産省が１９８９年（平成元年）から１９９４年にかけて実施した新形質米プロジェクトで低アミロース米の「ミルキークイーン」が開発された。もち米のようなもちもち感が特徴で冷めてもおいしいこのお米の品種に、「はえぬき」に変わる品種を探していた黒澤さんは飛びついた。また、コシヒカリのプロトプラストを用いて民間で選抜・育成され１９８９年に品種登録された低アミロース米「夢ごこち」の生産にも１９９６年（平成８年）からチャレンジした（図９-３）。なお、水稲専業での経営を目指して２０１５年にはサクランボの生産を中止し、水稲専業経営での将来を選択した。

新品種生産のための栽培技術を磨き、その成果を確認するため、２０００年（平成12年）から全国米・食味分析鑑定コンクールに毎年出品し、最優秀賞、特別優秀賞、金賞をほぼ毎年受賞している。こうした受賞がきっかけとなり、東京都内の一流の米の販売専門店、レストラン、料亭との取引が可能となり、直売の成功をもたらしている。さらに、こうした一流のレストラン、料亭が日本食のブームに乗って海外進出する中で黒澤ファームの米を求めるようになり、米の海外輸出への道を開くことになった（図９-４）。

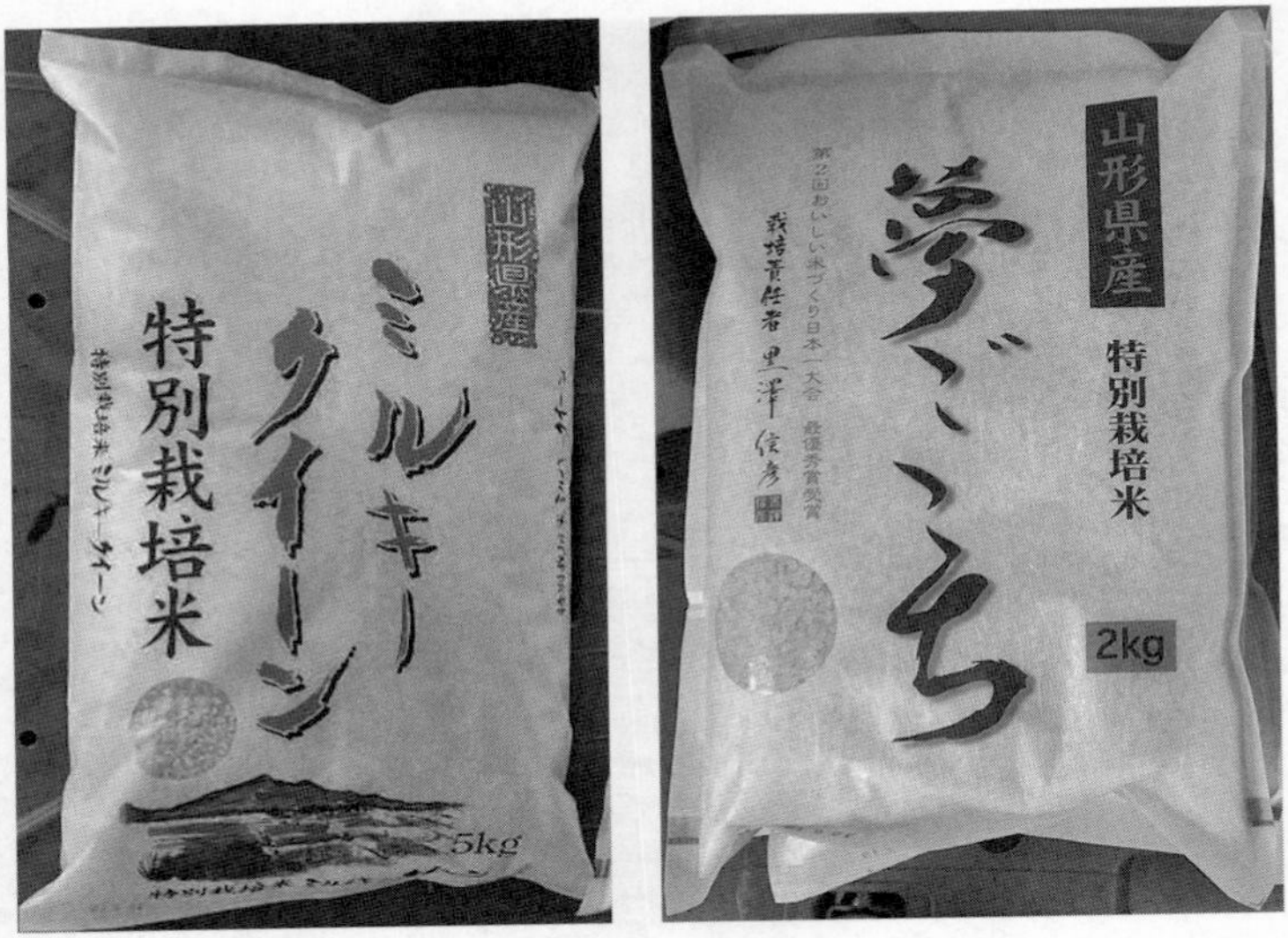

図９－３　黒澤米の評価を高めた「ミルキークイーン」と「夢ごこち」

出所：筆者撮影

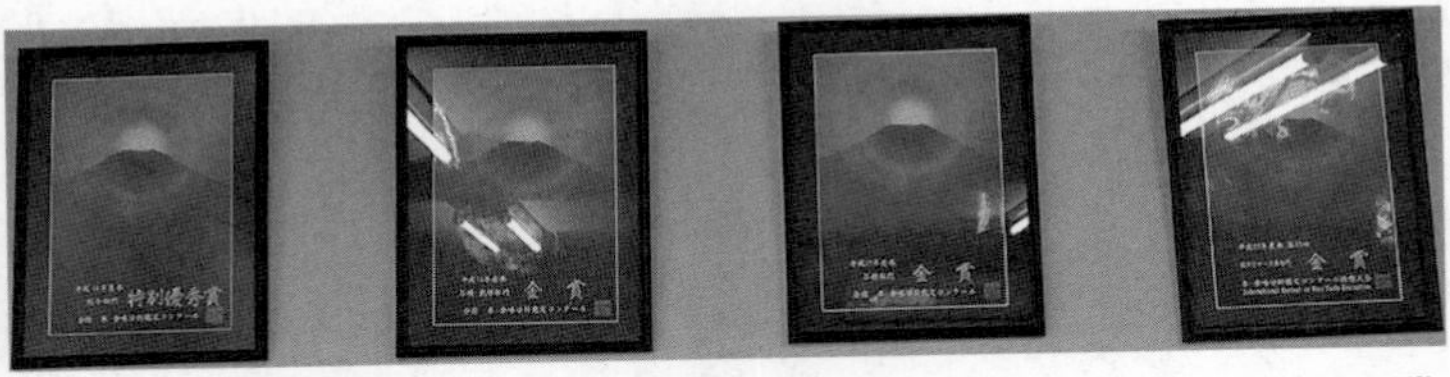

図９－４　黒澤米のおいしさを証明した食味コンクールでの毎年の上位入賞

出所：筆者撮影

現在の黒澤ファームの経営は、役員3名、自作地での水稲生産18ha（86トン、うち25トンを輸出）、地域からの米仕入・販売（260トン）、従業員（年間雇用）3人、臨時1名である。

3. 新たな農業経営へのチャレンジ

米の産直のきっかけ

黒澤さんが実践して目指している新たな農業経営の特徴は、次のように整理できる。

①米のブランド化、米を食卓の主役にする
②地域の仲間と一緒に、持続的な地域農業システムを構築する
③農協、消費者、実需者を含めた共存共栄（Win－Win関係）の実現

このような黒澤さんのチャレンジは、「米の品質に関わらず同一価格で販売されることに大きな疑問を感じました。また、当時米価が大きく低落し、経営が厳しくなっていました」という問題意識に基づいて行った1991年（平成3年）の米の直売への挑戦から始まった。その後、1993年（平成5年）の大凶作で米の顧客が急増するとともに、顧客のニーズに合わせて特別栽培米の生産を開始、1994年には精米プラント・冷蔵庫設備を整備して本格的な米販売へのチャレンジを開始した。

1995年（平成7年）には黒澤さんが声をかけて地域の農家3人で「こめ工房南陽アスク」を結成して、米の産直に取り組んだ。

また、この時期に、東京で一人当たり米2合をプレゼントして、消費者の米の購買実態について

のアンケート調査を実施した。なかなか調査がうまくいかずに途方に暮れていた時に、阿佐ヶ谷区の職員が区民センターで実施しているカルチャーセンターに参加しているお母さん方へのアンケート実施の便宜を図ってくれた。この調査の中で「はえぬき」の知名度が「新潟コシヒカリ」と比べて圧倒的に低く、勝負にならないことを実感し、「新潟コシヒカリ」と勝負できる米の模索が始まった（図9-5）。

様々な品種を試作した結果、行きついたのが低アミロース米の「ミルキークイーン」と「夢ごこち」であった。福島県いわき市の米専門店相馬屋の社長から勧められ1996年（平成8年）から栽培を開始したミルキークイーンは、成熟が進むと白濁するという欠陥があったが、置賜の南陽地区では、成熟しても白濁が見られなかった。まさに、南陽市がミルキークイーンの適地であったことが幸いした。また、黒米の研究会で知り合った大阪の産直グループ（大阪よつば会）に28000円／60kgで販売でき継続的な取引が開始されたという幸運もあった。

米のブランド化への挑戦

「ミルキークイーン」と「夢ごこち」という二つの品種を手に入れた黒澤さんは、「新潟コシヒカリ」と勝負できる黒澤ブランド米の生産に次々と取り組んでいく。「これまで『はえぬき』を中心とした米生産を、海のものとも山のものとも分からない品種に切り替え、しかも農協を通さないで直売することにお父さんは反対しなかったのですか？」と筆者が聞くと、「父親は任せてくれました。でも、最初は収量も上がらず、売れませんでした。不安でしたね」と本音を吐露してくれた。

こうした苦境を乗り越えるために実施した第1段のチャレンジが「はちみつ米」の販売開始であ

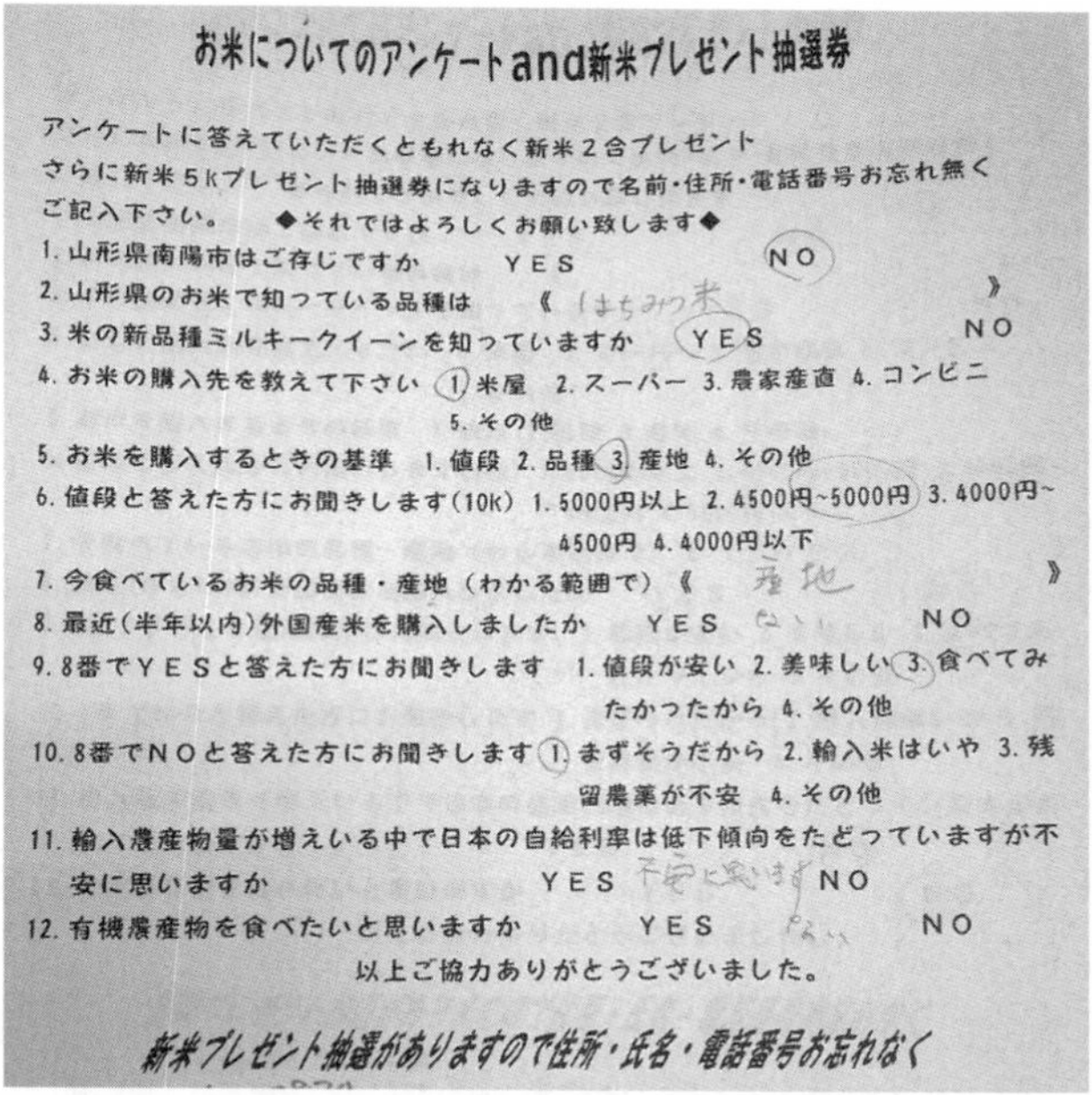
お米についてのアンケートand新米プレゼント抽選券

アンケートに答えていただくともれなく新米２合プレゼント
さらに新米５Kプレゼント抽選券になりますので名前・住所・電話番号お忘れ無くご記入下さい。　◆それではよろしくお願い致します◆

1. 山形県南陽市はご存じですか　ＹＥＳ　ＮＯ
2. 山形県のお米で知っている品種は　《 はちみつ米 》
3. 米の新品種ミルキークイーンを知っていますか　ＹＥＳ　ＮＯ
4. お米の購入先を教えて下さい　1. 米屋　2. スーパー　3. 農家産直　4. コンビニ　5. その他
5. お米を購入するときの基準　1. 値段　2. 品種　3. 産地　4. その他
6. 値段と答えた方にお聞きします（10K）　1. 5000円以上　2. 4500円~5000円　3. 4000円~4500円　4. 4000円以下
7. 今食べているお米の品種・産地（わかる範囲で）《 産地 》
8. 最近（半年以内）外国産米を購入しましたか　ＹＥＳ　ＮＯ
9. 8番でＹＥＳと答えた方にお聞きします　1. 値段が安い　2. 美味しい　3. 食べてみたかったから　4. その他
10. 8番でＮＯと答えた方にお聞きします　1. まずそうだから　2. 輸入米はいや　3. 残留農薬が不安　4. その他
11. 輸入農産物量が増えいる中で日本の自給利率は低下傾向をたどっていますが不安に思いますか　ＹＥＳ　ＮＯ
12. 有機農産物を食べたいと思いますか　ＹＥＳ　ＮＯ

以上ご協力ありがとうございました。

新米プレゼント抽選がありますので住所・氏名・電話番号お忘れなく

図９－５　黒澤ファームの宝　消費者アンケート

出所：筆者撮影

る。取り組みの動機を黒澤さんは、「まだまだネームバリューがない『ミルキークイーン』『夢ごこち』をマスコミに取り上げてもらって注目してもらうために実施したものです」と語る。はちみつと海藻という健康に良いプラスイメージを前面に出した戦略であった。殺菌性があるはちみつと海藻エキスを希釈して散布して農薬の使用を減らすという目的で実施した。サクランボの産地である当地では、当時はちみつ12ℓが2万円で購入できた。農薬よりは費用がかかったが、それでもチャレンジした。1999年（平成11年）には「はちみつ米」を東京の米専門店「スズノブ」が取り扱ってくれ、650円／kgの高値で販売できた。また、人気テレビ番組「どっちの料理ショー」で「はちみつ米」が取り上げられ、評判を呼んだ。黒澤さんの狙いが的中した（図9-6）。

さらに、黒澤さんのお米の評価を高めたのは、2000年（平成12年）から挑戦した米・食味分析鑑定コンクールへの出品であった。おいしい米づくり日本一大会で「夢ごこち」で最優秀賞を受賞するとともに、食味分析コンクールで「はえぬき」で特別賞をいきなり受賞した。この結果が高く評価され、新宿パークファイアットの和食レストラン「梢」と帝国ホテルの「なだ万」との間で「夢ごこち」の取引が開始された。このことが引き金となって、一流百貨店、一流レストランとの取引が増加していった2002年（平成14年）以降も米・食味分析鑑定コンクールへの出品と上位入賞が続き、黒澤ファームの米の評価を大きく高めていった。

イチローに米を送る

黒澤米が国内で脚光を浴び始めたころ、米大リーグでのイチローの活躍が日本中の話題をさらっていた。野球好きの黒澤さんは、テレビなどの報道でイチローが和食好きで特にご飯に目が無いと

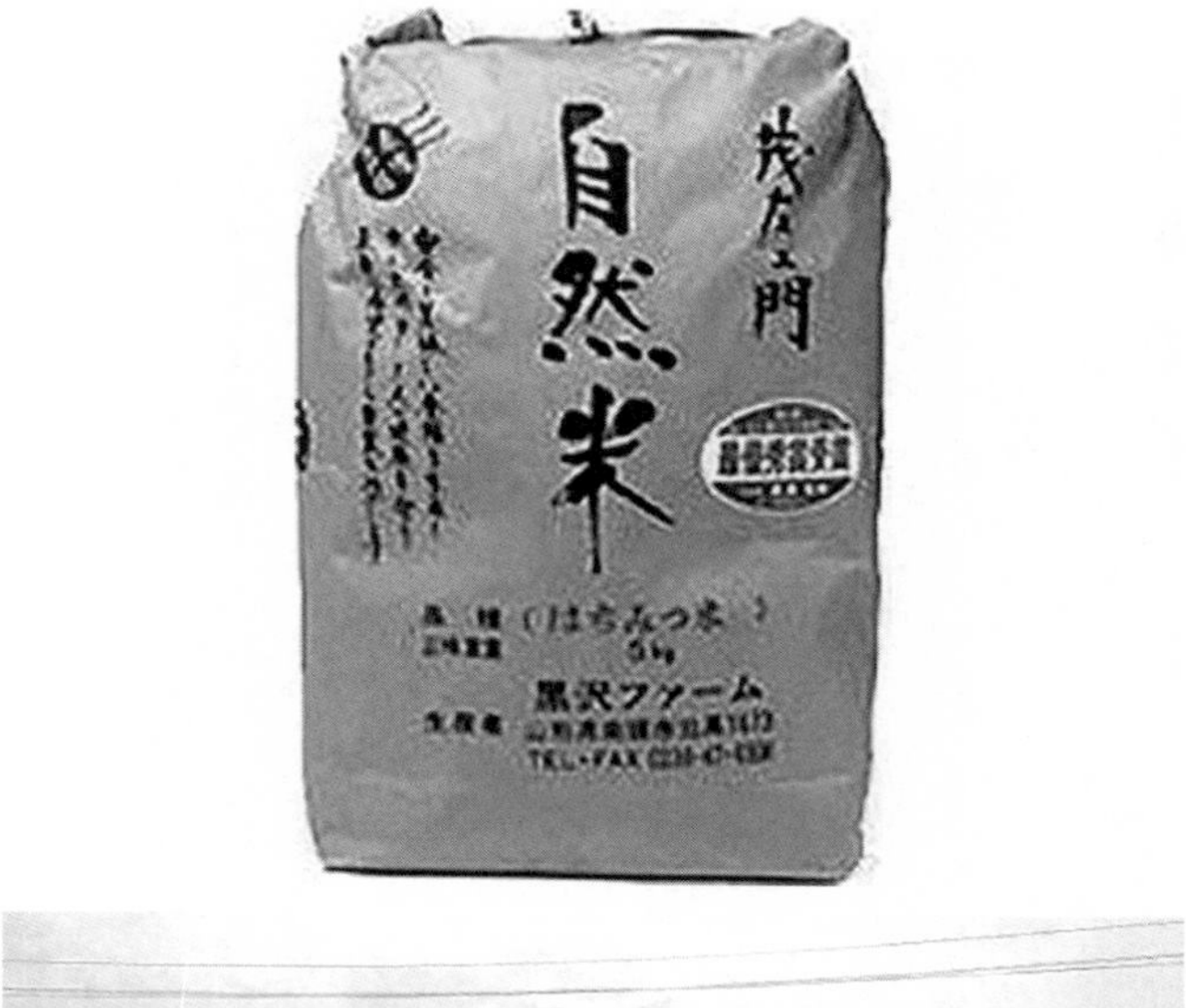

図9－6　はちみつの散布状況とはちみつ米

出所：黒澤ファーム提供

いう報道を目にした。「何とかイチローに黒澤の米を食べてもらいたい」という気持ちが高まり、黒澤米のファンである山形県出身の大物政治家加藤紘一氏に会う機会があって話したところ、加藤代議士がイチローとの接触の機会を作ってくれ、イチローに黒澤米を贈ることができた。2002年（平成14年）の記念すべき出来事ごとであった。2004年（平成16年）にはキャンプで神戸球場に来ていたイチローに直接米を手渡すことができた（図9-7）。

また、オランダ、ベルギーで活躍しているサッカー選手小林祐希さんも黒澤米のファンであり、黒澤さんの田んぼ1枚を借りて有機栽培で黒澤さんにお米を作ってもらい、全量買い上げている（図9-8）。

米輸出、有機栽培へのチャレンジ

黒澤さんは2005年（平成17年）に農業生産法人・株式会社黒澤ファームを立ち上げた。株式会社設立の3年後の2008年から米の輸出に取り組むことになる。そのきっかけは、黒澤米の取引を継続して行っていた料亭「なだ万」が香港に出店し、香港でも黒澤さんのお米を使いたいという要請によるものであった。「なだ万」の海外出店とともに、多くの日本食レストランが海外進出を果たし、黒澤米を使いたいという要望が相次いで寄せられた。しかしこうした要望にすべて応えることは労力的にも困難であった。

そうした時、2012年（平成25年）に株式会社クボタが、最新の精米設備を備えた日本産米の輸入精米販売会社を香港に設立した。すなわち、香港で日本から玄米を輸入し、現地で精米して、おいしい日本産米の提供を目指す事業を開始したのである。この事業は2014年にはシンガポー

図9－7　イチローに米を贈る

出所：黒澤ファーム提供

図9－8　サッカー小林選手の契約圃場

出所：筆者撮影供

ルでも展開されるようになった。黒澤ファームではこの事業を利用し「ミルキークイーン」や「夢ごこち」の玄米を20000円／60kgでクボタに販売することが可能になった。当時、山形県の輸出米は「はえぬき」と限定されていたが、クボタが山形県と掛け合い「ミルキークイーン」や「夢ごこち」の輸出が可能になった。おいしい米が欲しいという海外からの強い要望の力が黒澤米の輸出を後押ししたといえよう。現在、年間20トンを香港のクボタの精米工場に、5トンをシンガポールのコメ卸に直接販売している。

これまで特別栽培米に特化した米生産を行ってきた黒澤さんであるが、2010年（平成22年）から「夢ごこち」で有機栽培に挑戦した。有機栽培への挑戦は、米・食味分析鑑定コンクールで4年連続金賞を受賞し、「日本一おいしいお米を作る生産者」として有名な、山形県高畠町の遠藤五一《ごいち》さんの勧めによるものであった。

4．黒澤信彦さんの多様なリーダーシップについて

経営理念・信条のリーダーシップ

黒澤さんのインタビューを通じて感じたことであるが、黒澤さんの行動の原点には極めて強い、経営理念や信条が存在することである。黒澤ファームのホームページ、その他で広く表明されているのは、「生きることは食べること」であるが、命を育む農業の大切さへの深い思いがこの言葉に表れている。また、家訓ともいうべき祖父・父から受け継がれている「生きている土づくりと息づく稲づくり」は、様々な生き物・微生物の生息場所としての土の大切さと、その土によって力強く

生き生きと育つ稲の成長を助ける持続的農業の大切さを表している。この2つが基本的な経営理念・信条として黒澤さんの経営を支えている（図9-9）。

また、黒澤経営を展開する中で出会った様々な人々からの教えも、黒澤さんの経営に息づいている。福島県いわき市の米販売専門店・相馬屋の佐藤社長から言われた「経営の3本柱（消費者、小売り、飲食店）を創れ」は、川下ニーズに対応した黒澤経営の原動力となっている。

また、黒澤さんは450年続く農家の長男として地域の大切さ、地域農業の重要性を肌で感じており、「地域が良くならないと自社の経営も成り立たない」「地域を良くするための核となる、ブランド米づくりはそのための手段」と考えており、地域農業の発展を積極的に支えるという強い意識をもっている。

また、「農業という産業を次世代につなぐとともに、消費者に農業を積極的に伝える」ため、積極的な活動を現在展開中である。

こうした理念は、社員がそろう毎朝のミーティングで社員全体に伝えるようにしている。

図9－9　黒澤さんの経営理念

出所：黒澤ファーム HP より

技術のリーダーシップ

黒澤さんの技術のリーダーシップで一番大切なのは、「新潟のコシヒカリ」に負けない米づくりにある。そのため、栽培方法は難しいが、食味が良い「ミルキークイーン」「夢ごこち」をいち早く経営に導入し、それらの品種にあった栽培技術を追求してきた。「米の味の違いを栽培法で出すのは難しい。基本は品種である」と考える黒澤さんは、様々な品種の特性を評価するために20aの実験田を持ち、様々な特性を持った水稲品種の栽培試験を継続的に実施している。

また、特に力を入れているのが土づくりである。全体で90筆の圃場から抽出して年1回の土壌検査を行うとともに、それらの結果に基づいて徹底した土づくりを実践している。土づくりの基本は、完熟たい肥の投入、ケイ酸肥料の投入、マルイファームの有機肥料（鶏ふんを原料に焼酎粕を添加し発酵させたもので、アミノ酸が含まれている）の使用、米ぬかを田んぼに還元するという方法を採用している。

有機栽培では、八つの必須アミノ酸を含む、魚肉・内臓タンパクを加工した有機肥料を用い、紙マルチを使った田植えで雑草の発生を抑制する技術を採用している。自社の特別栽培米の生産では、農薬・肥料の7～9割減を目指しており、除草剤1回、殺虫剤・殺菌剤については1成分だけの使用に限定している（図9-10）。

育苗ではワリフ育苗を実施し、ビニールハウスへの投資、その他育苗費の大幅な削減を実現している。

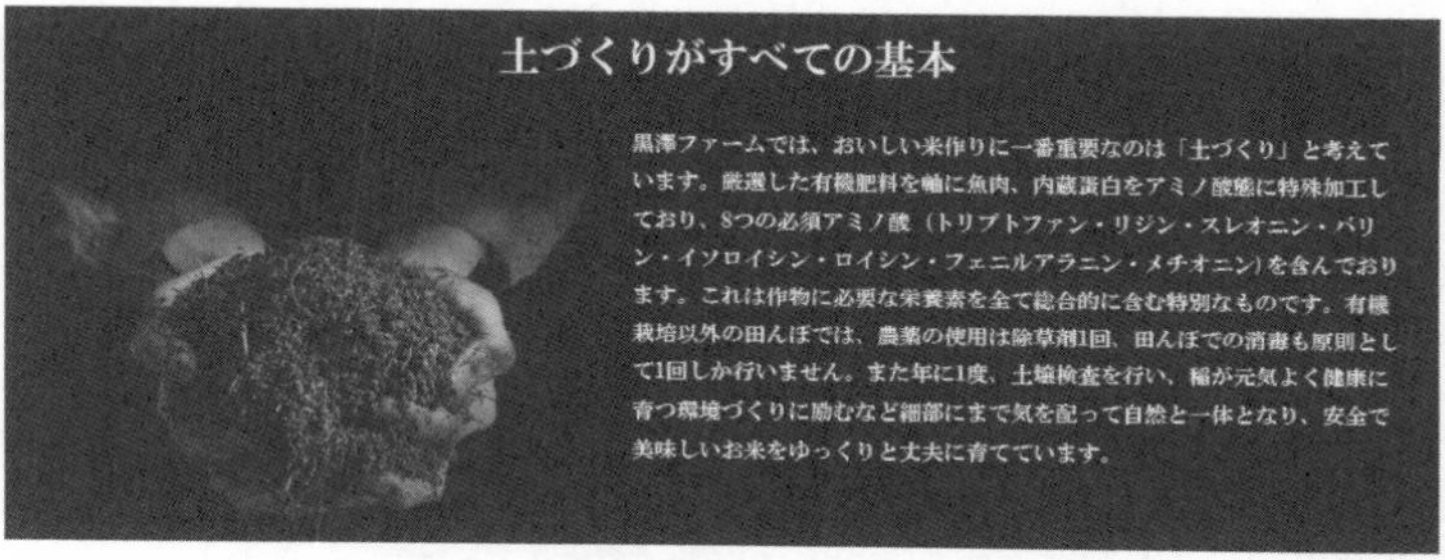
土づくりがすべての基本
黒澤ファームでは、おいしい米作りに一番重要なのは「土づくり」と考えています。厳選した有機肥料を軸に魚肉、内蔵蛋白をアミノ酸態に特殊加工しており、8つの必須アミノ酸（トリプトファン・リジン・スレオニン・バリン・イソロイシン・ロイシン・フェニルアラニン・メチオニン）を含んでおります。これは作物に必要な栄養素を全て総合的に含む特別なものです。有機栽培以外の田んぼでは、農薬の使用は除草剤1回、田んぼでの消毒も原則として1回しか行いません。また年に1度、土壌検査を行い、稲が元気よく健康に育つ環境づくりに励むなど細部にまで気を配って自然と一体となり、安全で美味しいお米をゆっくりと丈夫に育てています。

図９-10　徹底的にこだわる土づくり

出所：黒澤ファーム HP より

品質管理のリーダーシップ

米の直売で大切なのは、お客様に最高の品質の米をいかに届けるかにある。そのため、黒澤ファームでは、注文を受けてから自社精米するのを基本としている。そのため、最新の精米工場と低温倉庫を２０１４年（平成26年）に新設した。また、この精米工場では、品質管理に厳しい取引先の高い安全基準をクリアするために色彩選別機・ガラス選別機・金属探知機の精度を上げて精米している（図９-11）。

こうした品質管理をさらに徹底して「見える化」するとともに、さらなる米の海外輸出を見据えて、２０１７年（平成29年）４月に ASIAGAP Ver.1の認証を取得した。また精米工程についてはＨＡＣＣＰ管理に取り組み、精米部門では日本で初めて認証を取得した。ＧＡＰへの挑戦は、従業員の安全の確保、生産物の安全・安心の確保による消費者・実需者への貢献、地域の農業生産環境の保全による貢献を持続的に実践する農業経営への転換を意味する。こうした取り組みには、２０１７年に就農した長男が大きな役割を果たしている。

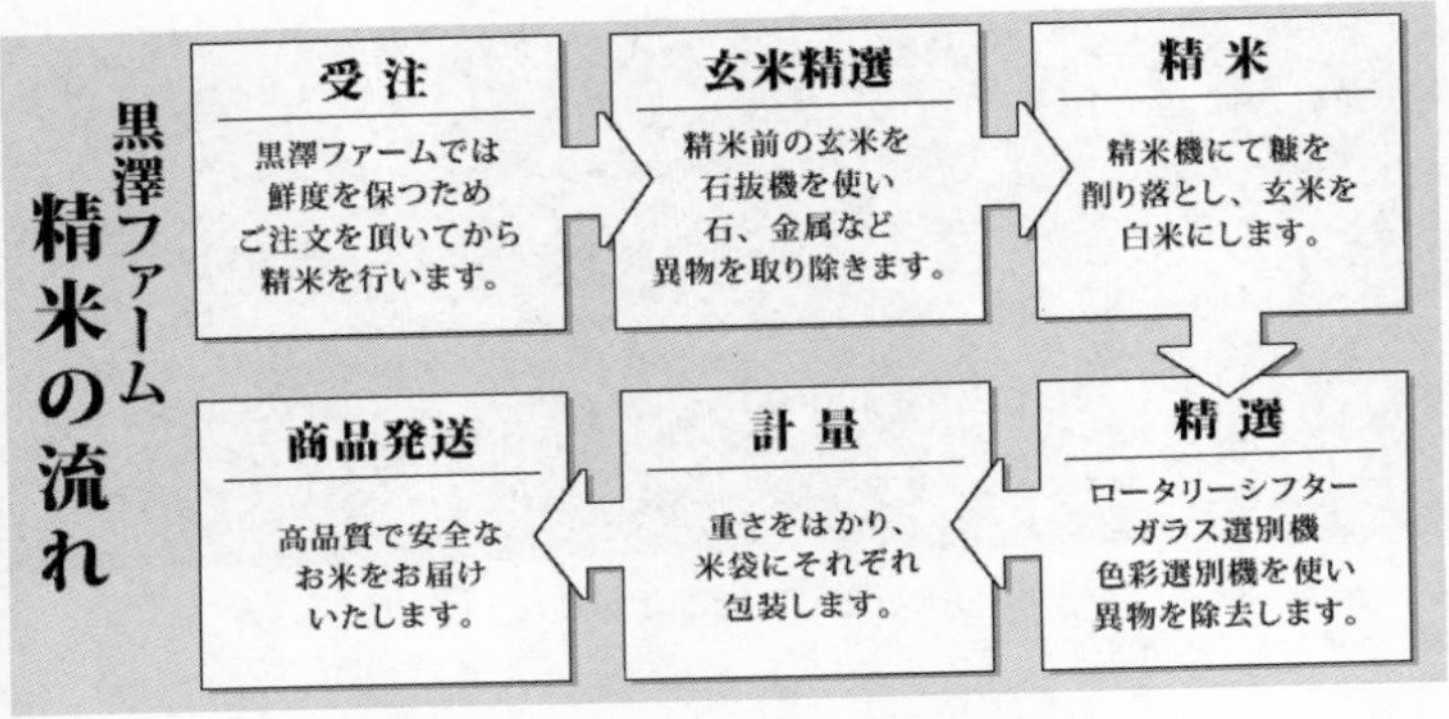

図 9 -11　受注してから行う精米の流れ

出所：黒澤ファーム HP より

販売・マーケティングのリーダーシップ

黒澤さんのリーダーシップで特筆できるのは何といっても販売・マーケティングのリーダーシップである。老舗料亭「なだ万」との取引では、本店だけでなく東京、横浜、大阪の14店舗と取引を行っている。その他にも、関東、仙台、岩手などの地域で一番の百貨店、さらには一流のレストラン等との取引を行っている。こうした一流の顧客との取引を重視したのは、「信頼確保を第一とする」という黒澤さんの戦略に基づくものである。

インターネットでの販売に取り組んだのは2001年頃からであるが、現在でもインターネット販売の比率は1割以下と必ずしも多くない。「売り上げよりも知名度アップの効果、黒澤ファームの米作りの理念や栽培・精米法・GAPなどの取り組みのPRという点でインターネットのホームページは有効である」と黒澤さんは語る。

黒澤ファームでは、年間約350トン・70ha分の米を直売しているが、50ha分は地域の米農家からの仕入れである。地域の農家から仕入れる米については、品種は「つや姫」「はえぬき」などに指定しているが、栽培方法についても農薬や化学肥料の使用を6～7割減らした特別栽培に限定している。契約農家については、一度農協に出荷してもらい、その米を農協への売り渡し価格＋２０００円で購入している。こうすることにより、黒澤さんはお客様からの需要に応えることができ、地域の米生産者にとっては農協販売価格よりも高い値段で販売できる、農協にとっては系統出荷率の確保と保管料収入の確保というように、「三方よし」のＷｉｎ－Ｗｉｎ関係を実現することができる。

このように黒澤さんは様々な販売先を次々と開拓しているが、「代金回収ができない、いい加減な注文等、リスクはないのですか？」との質問には「過去には個人客で代金が回収できないケース、おかしな注文はありました。そのため、現在は個人客については代引き販売とクレジットでの取引に限定し、法人等の新たな注文先については帝国データバンクで事前に調べて取引の可否を決定しています」と回答された。

地域リーダーとしてのリーダーシップ

農業経営者としての黒澤さんの心の中には、常に「地域とともに発展したい」「地域に活かされている」「地域の土・水・自然に感謝」という４５０年地域で農業を続けてこられたという感謝の思いがある。私が最初に黒澤ファームを訪れた時、事務所・精米施設の上にある広い会議室に案内されたが、何もない広い部屋がポツンとあるだけであった。「なぜ、こんなに広い部屋を創ったのですか。日常的に使っていないように見えますが？」と質問したところ、「地域の人々にいつでも好きな時に使ってもらうために広い空間を用意しました」との回答があり、黒澤ファームと地域との強い一体感を感じた。

▼地域の仲間との連携

黒澤さんと地域の仲間との連携が始まったのは、１９９５年（平成7年）に3人の仲間と始めた米の販売組織「米工房南陽アスク」が最初である。3人の仲間は、「ミルキークイーン」の作付けを同時期に開始し、黒澤さんが音頭を取って米の産直に取り組み、大阪の産直グループ「大阪よつば会」との取引につながった。また、山形の大沼デパートで米のギフト販売を開始した。

２００９年（平成21年）には米の食味コンクールで入賞した置賜地域の農家7人で「おきたま七福会」を黒澤さんが声をかけて結成した。その狙いについて筆者の質問に黒澤さんは「皆さん個人的には素晴らしい米を作っていたが、これを点から面にしてブランド作りをしたかった」と答えた。七福会は、テレビ東京のテレビショッピング「米の頒布会」で販売するブランド米を共同で商品化し、新米時期に顧客を募集して販売するというものである。栽培方法を化学農薬、化学肥料の7～9割減を目指す特別栽培とした。メンバーは60代2名、50代5名で、いずれも後継者を確保している地域を代表する米農家である（図9-12）。

▼地域の環境保全組織と連携して地域の米のブランド作りに挑戦

黒澤ファームが立地する山形県南陽市の漆山地区は、『鶴の恩返し』の伝説が伝わる地として有名である。織機川《おりはたがわ》や鶴巻田《つるまきた》、羽付《はねつき》といった物語にちなんだ地名と、鶴の羽で織った織物が残されていると伝えられる鶴布山珍蔵寺がある。この豊かな自然を大切に保全するため、「おりはた環境保全協議会」が組織され、10年前から集落をあげた農村環境保全活動や小学校の農業体験活動を実施している。地域の水田面積は90 haであり、現在、県営土地改良事業計画設計実施地区の採択を受け

（圃場整備受益面積54・6ha）、新たな水田農業を創造するための計画づくりが地域で始まっている（図9-13）。こうした活動をさらに経済的に進めるため、黒澤さんが音頭をとって「はえぬき」「つや姫」を特別栽培基準、水田の保全ルールの遵守、10年以上土壌改良資材を入れて土づくりを実施して生産し、生産された米の食味値80以上という厳しい条件をクリアした米を地域ブランド米（夕鶴郷米・ゆうづるごうまい）として認定（商標登録）して、国内・海外に黒澤ファームを通して販売している（図9-14）。

また、こうした取り組みをさらに発展させるため、黒澤ファームのお米のディープユーザーであるグランドハイアット東京「旬房」の料理長・支配人を地域に呼んで、米づくりの現場を理解してもらうとともに、地域の人々との交流を深め、作り手と消費者との絆を強めるとともに、お互いが求めるより良い商品開発、物語性のある商品づくりの機運

図9-12　おきたま七福会メンバー

出所：tranomon-ichiba.com

図9-13　おりはた環境保全協議会の活動

出所：筆者撮影

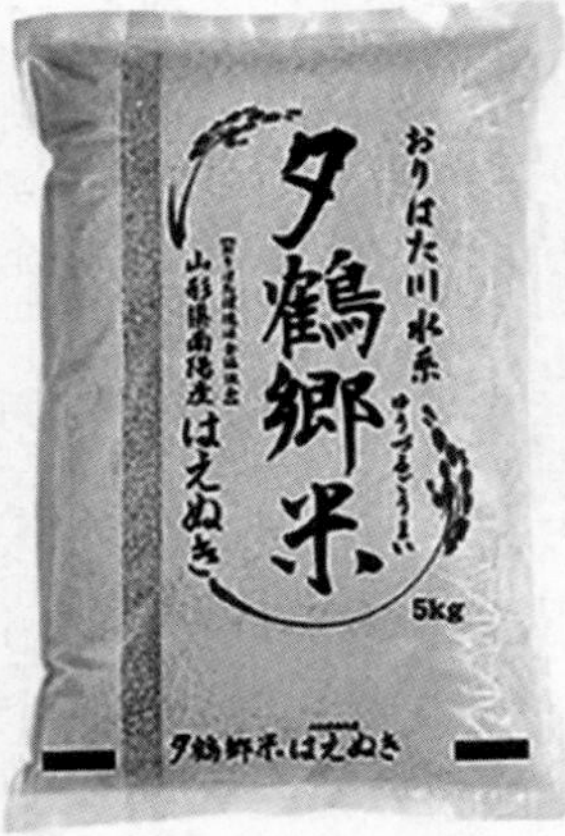

図9-14　夕鶴郷米

出所：筆者撮影

を高めている（図9-15）。

▼基盤整備後の地域農業の未来を見据えた地域づくりのリーダーシップ

黒澤さんは基盤整備後の地域の農業の未来について、次のような目的を持っている。

①農村を農業のテーマパークの場にしたい

②農業ロボットが働く場としたい

③自立した農家を増やしたい

こうした目的を実現するため、まず第1に取り組んだのが地域の人々の意識の変革であり、そのための方法として実践したのがグランドハイアット東京「旬房」との交流であった。また、単にこれらの人々に農村に来てもらうだけでなく、こちらからもグランドハイアット東京「旬房」に出向いて、自

図9-15　料理人、シェフとの交流が新しい物語を生む
出所：黒澤ファーム提供

分たちが生産した米がどのように調理され食べられているかを知ってもらうという双方向での交流を実践している。様々な交流を中心とした地域づくりの行動実践のためには、「自分たちのルールを皆で決めて実践」してもらうとともに、反対する人々には加点主義で参加することのメリットを提起して行動に参加してもらうように取り組んでいる。

さらに、地域づくりでは経済的な視点も重要であり、「夕鶴郷米」に続く、第2、第3の商品づくりにもチャレンジしたいと夢は大きく膨らんでいる。

5. 今後のチャレンジについて

黒澤さんは、米の海外輸出の実績から、「世界のセレブは日本の米を求める」と考えている。こうしたニーズに応えるためには世界に通用する「黒澤ブランド」の米を作り、知名度を高めることが重要であると考えている。そのため、ASIAGAPの認証を取得し、世界の一流のレストラン、百貨店と取引できる体制を整えている。

さらに、高品質な日本米の海外での消費の飛躍的な拡大のためには、中国のＩＴ企業が開設している世界最大の BtoB のプラットホーム「アリババ Alibaba」への出店が有効であると考えている。黒澤さんの行動力があれば、近い将来きっと実現させるのではないかと思うのは私一人ではないだろう。

コラム13 経営目標の作り方の流れ

経営目標設定は、一般的に次の様な手順を採用すると、効率的に実施することができます（コラム表9参照）。まず第1に行うのが、目標を設定する領域の決定です。ここでは、経営の様々な領域において目標設定が重要である領域を決定します。次に目標を設定する領域ごとに、目標値を定める上で必要な情報を収集します。経営内部の情報だけでなく、経営外部の情報収集も大切です。目標設定に関わるデータ、情報が収集できたら、次に個別目標を決定するとともに、経営全体目標との整合性をチェックします。経営目標の定め方ですが、最初に全体目標を設定して、それとの整合性をとる形で個別目標を決定するという考え方を採用するのが望ましいでしょう。目標が決定したら、次に目標実現のためのアクションプランの実践に関わる工程表を作成します。目標実現の期間設定と、アクションプランの実践効果を評価するための評価指標を作成することが大切です。

コラム表9　経営目標設定の手順

(1) 将来目標を設定する領域を決定
作物選択、雇用、経営規模、投資規模、環境保全、付加価値拡大、資源利用、労働安全等、経営目標を設定する領域を決める。
(2) 目標づくりに関わる経営を取り巻く外部環境と内部環境を評価する
政策、市場、ニーズ、地域農業の動き、土地、労働、資本、販売、コストと収益に関するデータを分析して目標を設定する。目標設定の分析手法としてSWOT 分析などが有効。
(3) 個別目標、全体目標の特定
個々の目標を決定するとともに、それらの個別目標を統合して経営全体の目標を設定する。
(4) 目標実現のための工程表の作成
全体・個別目標実現のための経営行動計画と行動計画の実践効果を評価できる実践的工程表を作る。
(5) 工程表の妥当性評価のための問題発見分析
経営者・従業員一体で（4）で作成した工程表の妥当性を事前に評価する。特に工程表を実施した場合に遭遇するであろう問題を発見し、工程表を改善する。

第10章　技術と経営が車の両輪・おいしい野菜づくり一筋

——新規就農者・本田雅弘さんの挑戦

農地やハウスの確保、技術の習得、そして農業経営者として力をつけていくプロセス、地域の中で次第に認められ、リーダーシップを発揮するまでに至る本田さんの取り組みから、これから新規就農にチャレンジしようとしている方々が出会うであろう課題解決のヒントがある

1. はじめに

本田雅弘《ほんだまさひろ》さん（以下、本田さんと呼ぶ）は、1978年に石川県小松市に生まれた。実家は小規模な水田を保有していたが、農業はほとんど営んでいなかった。特に大きな目的意識をもたずに東京農業大学の農業経済学科に進学した。学生時代に全国の農業法人が出店する「新・農業人フェア」に参加し、千葉県の有名な農業法人「和郷園」の話に興味を惹かれた。大学4年生の時に和郷園傘下の有限会社「さかき」（露地野菜20ha、施設野菜1.5ha）でアルバイトをし、キュウリ、トマトの養液土耕栽培を経験した。

そして大学卒業と同時に和郷園に就職し、施設園芸を担当した。3年くらい働いたところで腰椎分離となり、やむを得ず和郷園を退職し、故郷小松市に帰ってきた。

ここから、本田さんの新規就農がスタートする。本章では、農地やハウスの確保、技術の習得、そして農業経営者として力をつけていくプロセス、地域の中で次第に認められ、リーダーシップを発揮するまでに至る本田さんの取り組みを紹介し、これから新規就農にチャレンジしようとしている方々が出会うであろう課題の解決の糸口を考える上での参考情報を提供したい。

2. 新規就農までのプロセスと出会い

まず、新規就農から現在に至るまでの本田さんの経歴を要約しておく。以下、必要に応じてこの経歴を参照していただきたい。

表10-1　新規就農から現在に至るまでの本田さんの活動の経歴

年次	主たる活動内容
2000	東京農業大学卒業後、千葉県の農事組合法人和郷園に就職
2003	和郷園退職後、小松市にてハウス６棟（８ａ）を借りて新規就農
2005	ビニールハウスの借受を16棟（20ａ）に拡大
2005	古府町に大型ハウス４棟（10ａ）を建設
2007	JA小松市こだわりトマト研究会、会長就任
2008	JA小松市春キュウリ部会長就任 JA小松市施設園芸部会優秀栽培生産者（キュウリの部）
2009	JA小松市施設園芸部会優秀栽培生産者（夏秋トマトの部）
2011	ビニールハウス10棟新設、ビニールハウス借受を25棟に拡大
2013	野菜ソムリエサミットきゅうり部門全国４位入賞 東京大学先端科学技術センター協同開発創出支援事業参加 スマートアグリシステム栽培指導
2014	JA小松市春トマト部会長就任 第25回石川TOYP大賞受賞 石川県中核農家経営改善共励会　経営改善・事業多角化部門（石川県知事賞）
2016	JA小松市施設園芸部会優秀栽培生産者（キュウリの部） ICTを導入した複合環境制御システムの連棟ハウスを建設（43棟75ａを管理）
2018	第77回中日農業賞優秀賞受賞

出所：本田さん提供資料より筆者作成

故郷小松市に帰ってきた本田さんであったが、実家は小松市で小規模な水田を保有していたが、農業は営んでいなかった。また、稲作で新規就農を始めるための農業機械や施設なども全くなかった。あるのは、和郷園で働いていた時に貯めた100万円とやる気だけであった。故郷に帰ってきたが、どこにも相談するところがなく、仕方なくJA小松市や南加賀農林総合事務所に飛び込みで相談にいった。

そこで第1の出会いがあった。当時のJA小松市で相談に乗っていただいた栗山課長である。その指導力と農家の間に広いネットワークを持っていた栗山課長は、誠実でやる気に満ちた本田さんを一目で気に入り、何かと面倒をみてくれた。すぐに自衛隊小松基地近くにハウス6棟（8ａ）を借りることができるようにしてくれ、2013年から新規就農をスタートさせることができた。また、このハウスをJAのトレーニング農場とすることで、JAから30万円を支援してもらい地主に支払うことができた。トレーニング農場期間終了後は、さらにレンタルハウスは16棟へと増加し、8万円の賃料を支払っている。こうした支援を受けることができた要因について、普及員が言っていた次の言葉が印象的であった。「本田君はとてもひたむきな青年で、私達が何とか手助けをしてやりたいという気持ちにさせる雰囲気がありました」

本田さんは、このレンタルハウスでキュウリやトマトを生産することになるが、この栽培技術については、すでに和郷園で学んでいた。和郷園を退職してからも、毎年何回か訪問して学んでいる。また、JA小松市の部会の農家からも様々な指導を受けている。このようにひたむきに学ぶ本田さんの姿勢が、様々なサポートをしてあげたいと相手に思わせる最大の要因であることが分かる。

なお、住む場所と地域社会との融和については、故郷に帰ってきたこともあり、未知の地域で一から新規就農するよりはスムーズに進んだ。

3. トマト、キュウリの栽培技術の修得

施設でのトマト、キュウリの栽培技術については、和郷園で3年間みっちり学んだ本田さんであるが、冬の晴天が多い千葉で開発された越冬キュウリ（10月～11月定植で5月まで収穫できる）の栽培技術を、冬の積雪がある小松市でそのまま応用することは難しかった。キュウリ部会の農家や和郷園の先輩を訪ねて教えを受けながら、最終的には8月上旬定植で9月～11月中旬まで収穫する夏秋キュウリ（品種・コレクト）を中心に生産することにした。また、3月中旬に定植して4月中旬～7月下旬まで収穫する四川キュウリを平成17年から導入している。

トマトについては、消費者ニーズへの対応を考えてハウスごとに大玉トマト、中玉トマト（華小町、華おとめ、フルティカ）、ミニトマト（フラガール、トマトベリー）等、多様な品種を生産している。大玉の場合は、養液栽培を含めて多様な作型を採用して、4月～12月と長期間収穫できるようにしている。

トマト、キュウリとともに力を入れているのが平成23年から導入したイチゴであり、100坪、200坪の2か所のハウスで、12月下旬～翌年の5月下旬まで収穫している。その他としては、ホウレンソウ、アスパラガスなどを生産している。

ここで参考のため本田農園における令和2年のハウスごとの作付け状況を示しておく。現在、ハ

ハウス名	面積(坪)	1月	2月	3月	4月	5月	6月	7月	8月	9月	10月	11月	12月
A	450	定植		4200	大玉トマト収穫								
B	240			定植	1600	大玉トマト収穫		定植	1600	大玉トマト収穫			
C	150			定植	1140	大玉トマト収穫		定植	1200	フルティカ収穫			
D	100	イチゴ収穫						土壌消毒		定植			1500
E	200		ホウレンソウ	定植	1360	大玉トマト収穫				定植			3000
F	200	イチゴ収穫						土壌消毒	定植680	キュウリ収穫(コレクト)		定植	
G	80	苗苗苗	苗苗苗	苗	土壌消毒 定植	660	華小町・華おとめ収穫					定植	ホウレンソウ
H	80	苗苗苗	苗苗苗	定植330	四川キュウリ収穫			土壌消毒			定植	ホウレンソウ	苗
I	80		ホウレンソウ	定植 定植	1320	大玉トマト収穫		土壌消毒	定植 660	四川キュウリ収穫		定植	
J	80		ホウレンソウ	定植 定植	1320	大玉トマト収穫		土壌消毒	定植 600	キュウリ収穫(コレクト)		定植	
K	160		ホウレンソウ	定植	1200	華小町・華おとめ収穫		土壌消毒	定植 600	キュウリ収穫(コレクト)		定植	
L	40		ホウレンソウ	定植	300	華小町・華おとめ収穫		土壌消毒	定植 150	キュウリ収穫(コレクト)		定植	
M	40		ホウレンソウ	定植	300	華小町・華おとめ収穫		土壌消毒	定植 150	キュウリ収穫(コレクト)		定植	
N	80		ホウレンソウ	定植	600	華小町・華おとめ収穫		土壌消毒	定植 300	キュウリ収穫(コレクト)		定植	
O	60	ホウレンソウ	土壌消毒		定植		480	華小町・華おとめ収穫					
P	30	ホウレンソウ	土壌消毒	定植	1320	大玉トマト収穫		トマトベリー収穫					
Q	30	ホウレンソウ	土壌消毒	定植	1320	大玉トマト収穫		トマトベリー収穫					
R	90			定植	2000	フルティカ収穫							
S	160						定植	960	華小町・華おとめ収穫				
T	160						定植	960	華小町・華おとめ収穫				
U	300			アスパラガス									
V	150	ホウレンソウ										定植	
W	120												

図10-1　本田農園のハウスの作付け状況（令和２年）

出所：本田さん提供資料より筆者作成

注）図中の数値は定植本数を示している。

ウス棟数63（最大４５０坪、最小30坪、平均１３４坪／棟）、ハウス総坪数３０８０坪であり、新規就農時に借りた古いビニールハウスから、最新の環境制御設備を備えた大型施設まで、実に多様である（以上、図10-1参照）。

この点について、本田さんは、「多くのハウスは借りていますので、一つ一つに土壌の違い、前の所有者の管理の特徴が反映されており、その特徴を知って、それぞれのハウスに適した管理方法を発見していかなければなりません」と新規就農者としての苦労を述べている。

また、新規就農当初の売り上げは、６００万円前後と少なく赤字経営であり、アルバイトで生計を維持するとともに、営農資金を確保していた。

なお、本田さんはトマトやキュウリの栽培技術を高めていくうえでＪＡ小松市の

「こだわりトマト研究会」「春キュウリ部会」の仲間と情報交換を積極的に行い、お互いに、切磋琢磨した。「その効果は大きかった」と述懐する。こだわりトマト研究会も春キュウリ部会も会員は5名と少なく、情報交換がしやすかった。その一方で、役員の回りは早く、本田さん自身2007年にこだわりトマト研究会の会長に、2008年には春キュウリ部会の部会長を務めている。「いずれもジャンケンや持ち回りで役が回ってきたので仕方なく受けました」と語る。

こうした仲間との交流と本田さんの技術習得への熱心さが花開いたのが、2008年のJA小松市施設園芸部会優秀栽培生産者としてキュウリと夏秋トマトの部での表彰であった。これは、収量と秀品率で評価されるものであり、キュウリは15人、夏秋トマトでは50人の生産者の中から選ばれた。「これでようやく一人前の農家として認められたという実感がわきました」と、「また新規就農3年目までは和郷園から独立していった同期の仲間との差を痛感し、本当に涙が出ました。また、将来について和郷園でお世話になった千葉の篤農家にも相談にいきました。その時に言われた『勇気をもって取り組め、そうでないとただのバカになってしまう』という言葉で励まされました」と心境を語ってくれた。

4．規模拡大でビジネスを軌道に乗せる

新規就農時の苦労を乗り越え、トマト、キュウリの施設園芸でチャレンジすることに自信を得た本田さんは、「勇気をもって取り組め、そうでないとただのバカになってしまう」という先輩の言葉を励みに、経営のイノベーションに積極的に取り組むことになる。

その第1のチャレンジが、念願であったハウスの新設である。以下、次々とハウスへの投資を行うことになる。

2005年：小松市内の古府町に大型施設4棟（10ａ）を新設した。投資資金は約2000万円（1500万円融資、80万円補助金で、残り自己資金）

2011年：パイプハウス10棟新設。ハウス面積60ａ（所有地15ａ、借地45ａ、借地料金14万円）、1600万円を公庫から借り入れて建設。

2016年：ICTを活用した複合環境制御システムの連棟ハウス建設、建設費用は5420万円、2000万円補助、3420万円借入）、モミガラ養液栽培導入

2016年：住宅・事務所・出荷施設の整備　2200万円（スーパー資金借入）

この投資金額を見ると、1億円を超えており、如何に大胆な投資に関する意思決定をしたかがわかる。「大規模投資に関して不安はありませんでしたか？」という質問に対して、本田さんは次のように答えた。「不安はなかったといえば、嘘になります。2005年にハウスに2000万円の投資をしたことで、後戻りすることはできなくなりました。また、売り上げを確保しなければ、借金を返していくことができないので、さらに2011年に1600万円の投資を行いました。この段階から、自分一人ではハウスの管理に手が回らなくなり、人を雇うようになりました。その結果さらにハウスの増棟を行い、さらに人を雇うという循環になりました。とにかく、借金を早く返して身軽になりたいというのが現在の心境です」

雇用労働については、2011年から導入し、ハウスの増加と共に増やしていった。昨年まで4人を年間雇用していた。4人の性別・年齢構成・勤務年数は、以下のとおりである。

NO1　男64歳、8年（和郷園出身）　NO2　男35歳、2年（地元採用）
NO3　女38歳、9年（本年寿退社）　NO4　男24歳、1年（地元採用）

また、ベトナムから外国人農業研修生2人を採用、令和2年度から4人に増やす予定である。正社員の給与は、基本給17万円＋賞与でスタートし、毎年上げている。

また、生産するトマトやキュウリの味の改良についても工夫を凝らしている。地元の学校・保育園から出る給食の生ゴミを堆肥に使用して土作りに力を入れている。また、農薬の使用量も石川県内の一般的な栽培法の50％以下で生産している。生産物の出荷は、6割が農協出荷、4割が直売である。直売は10人前後の固定した消費者、石川県内の卸、小売店・スーパー等3社、レストランなどが主たる顧客となっている。

特に人気の高い中玉トマトは、東京のマルシェで販売するとともに、小松市のふるさと納税の返礼品として採用され、人気を博している。本田農園で生産されるフルーツ感覚で味わえる「華小町」「華おとめ」という品種の中玉トマトは、「かがやきトマト」と呼ばれ、ピンポン玉サイズ（40～60ｇ）で特にフルーツ感覚で食べられるトマトとして、またトマト大福として子供や女性の人気が高い（図10-2参照）。

本田農園の令和元年の販売額は5600万円、雑収入1890万円（雪害復旧対策費1300万円、営農支援交付金400万円、JA利用高特別配当190万円）である。借金を返済し、従業員、研修生、そして作業を手伝ってくれる妻と父に給与と賞与（総額640万円）を支払っても、本田さん自身の手元に800万円以上が残る計算である。「私はあまり細かな経営計算をしないのでわかりませんが、経営はうまく回っているのではないですか?」と笑顔で答えた。

図10－２　小松市のふるさと納税返礼品に採用された本田農園の「かがやきトマト」

出所：https://www.furusato-tax.jp/product/detail/17203/4481900

5．その高い技術と経営力が広く評価され、さらなるイノベーションを目指す

キュウリ、トマトの味を追求する技術開発の成果を確認するため、本田さんは積極的に各種のコンクールに製品を出品した。その成果が２０１３年野菜ソムリエサミット　キュウリ部門全国４位となって表れた。野菜ソムリエサミットは、全国各地から出品されてくる青果物やその加工品を野菜ソムリエが「おいしさ」を軸に絶対評価形式にて評価し、食味が優れたものを認証するコンクールであり、受賞結果を世の中に発信することにより、生産者を応援して日本の農業の活性化を目指して開催されている。

また、本田さんは、第25回石川県ＴＯＹ

P大賞（2014年度）を受賞している。この賞は、公益財団法人日本青年会議所石川ブロック協議会が主催する地域で活躍している青年を表彰する事業（青年版の県民栄誉賞）である。この年は大相撲の石川県出身の人気力士遠藤関も受賞している（図10-3）。

また、同じく2014年にはいしかわ農業振興協議会より石川県中核農家経営改善共励会　経営改善・事業多角化部門で石川県知事賞を受賞し、その高い技術と経営力が県内に広く認められている。2016年にはJA小松市施設園芸部会優秀栽培生産者（キュウリの部）に認定されている。

本田農園の評価が高まるとともに、様々な研究機関から先端技術開発のパートナー農場として共同研究への参加依頼が舞い込むことになった。2013年には東京大学先端科学技術研究センター共同開発創出支援事業におけるスマートアグリシステム栽培の指導という形での参加である。この

図10-3　遠藤関と共に石川県 TOYP 大賞を受賞

出所：http://ww7.ishikawa-toyp.com/

事業は、東京大学と石川県産業創出支援機構が、東京大学先端科学技術研究センターで開発された新技術を活用して新製品の開発支援を行う事業であり、太陽光エネルギーを活用した電池を利用してお湯を沸かし、その余熱をハウス栽培に利用することを目的とした事業であり、ハウス栽培の指導を依頼されるという形で事業に参加した。

また、２０１３年からスタートした「こまつ・アグリウエイプロジェクト」では、小松市の特産品であるトマトの栽培や加工品の開発をＪＡと企業（小松製作所）が連携して展開しており、２０１６年からトマト栽培でのＩＣＴ導入フェーズにチャレンジしている。これまで、品質向上や収量拡大を支えていたのは生産者の経験や勘であったが、この部分をデータとして明確にするＩＣＴクラウド技術を活用した。ここでは、ビニールハウス内部の温度や湿度、炭酸ガス濃度、日照などをセンサーで測定し、データをクラウド上に収集。収集したデータはグラフの形でパソコンやスマートフォンで確認できるように提供される。そのため遠隔地にいても、ハウス内の環境をリアルタイムで把握することが可能となる（図10-4）。このプロジェクトに本田さんは参加した。当初、「ＩＴを使うことでトマト栽培がどう変わるのかに興味はありましたが、資金面で難しいのではないかと思っていました。しかし、コマツが資金の提供を申し出てくれましたので、連携プロジェクトに参加することができました」その効果について「センサーの情報を収集し蓄積することで栽培が〝見える化〟されました。また、この情報が即座にスマートフォンなどに送られてくるので、離れた場所にいてもハウスの状況が分かるようになり、ハウスでの栽培管理が的確に行えるようになりました」と述べている。

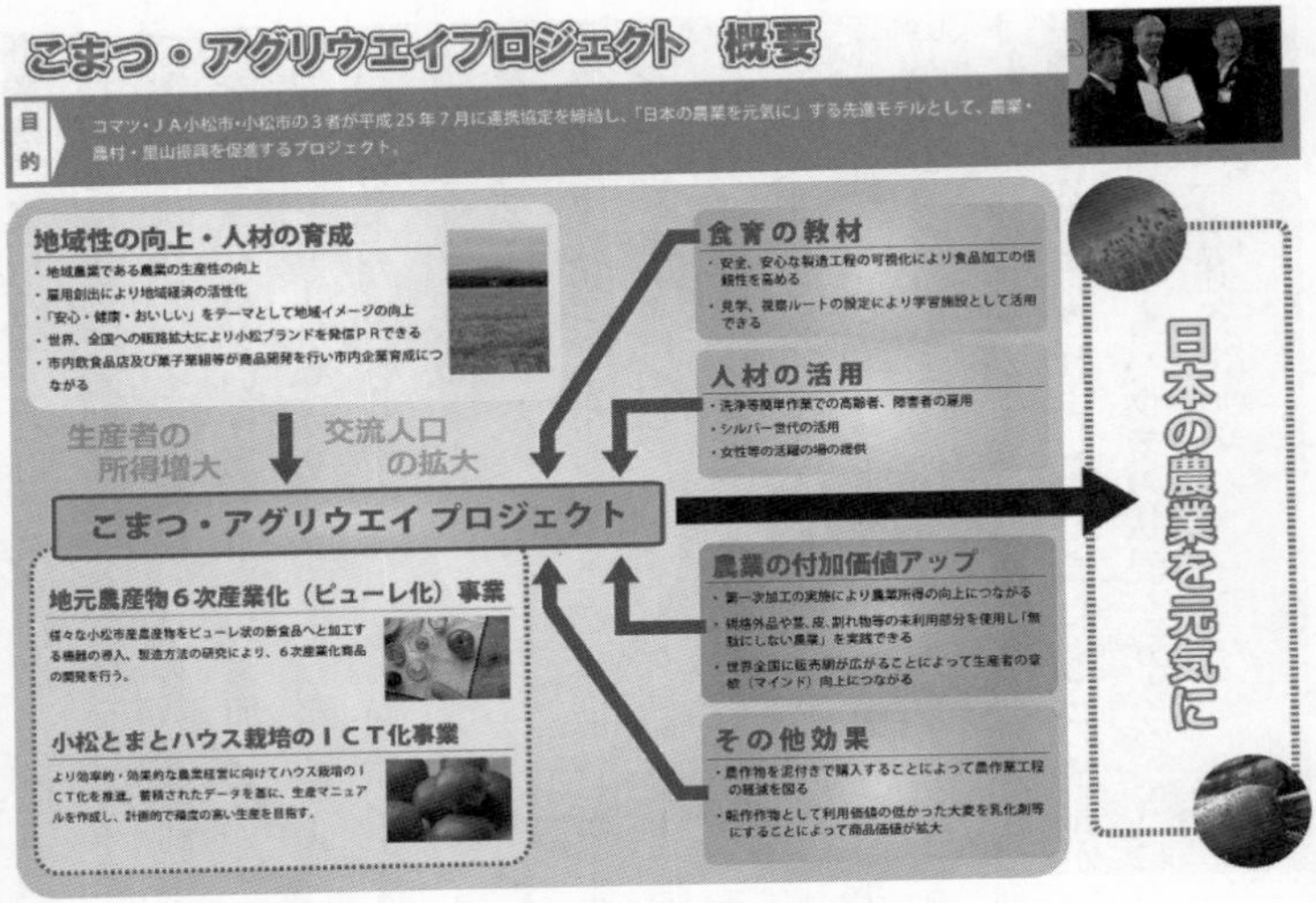

図10-4　こまつ・アグリウエイプロジェクト

出所：https://kankyo-okoku-komatsu.jp/article/12/

6. 新規就農15年目の思いと今後の経営展開

新規就農15年目の思い

本田さんは、新規就農15年を経過した現在、次のような感想を語ってくれた。「新規就農して15年間、これまでやってこられたのは多くのサポート、人的なネットワークがあったからです。特に新規就農前後のJA小松市の栗山課長、和郷園での技術の習得、さらには普及指導員による指導等、様々な方々に支えられました。感謝しかないですね。こうした方々に出会えた自分はラッキーでした。また、JA小松市のトマトやキュウリの部会の仲間にも時にはライバル、時には先生として様々な事を教えてもらいました（図10-5)。さらに、本田農園を支え

図10-５　JA 小松市施設園芸部会の仲間と（右端が本田さん）
出所：モスバーガー産地だより（2016年７月号）より

てくれた消費者、レストラン、小売店・スーパー、卸売会社の皆様、そしてふるさと納税返礼品に当社のトマトを取り上げていただいた小松市等、本当に多くの方々に支えていただきました。現在、好きな作物を育てることができて、本当に楽しい毎日を送っています」

さらに、新規就農者から見た農業という職業、新規就農者としてこれまでやってこられたことについては、次のように評価してくれた。

「いきなり新規就農せずに、農業法人、私の場合は和郷園での3年間の勉強があったから独立就農ができました。この3年間でトマトやキュウリなど野菜の栽培技術、経営の仕方など多くのことを学びました」

「『素晴らしい自然の下でノンビリと

仕事ができる』といった牧歌的な部分は農業にはあまりありません。農業は誰でもできますが、誰でもができない部分があります。作物との対話が必要です」

「農業では、働いた分だけ金銭に代わるわけではありません。工業製品と違い自然の影響も受けます。労働が収穫物に結びつかなければお金にはなりません。また、沢山の収穫物をとっても価格が下がってお金に結びつかないこともあります。農業では技術と経営の両輪をうまく回すことが必要です。両輪の大きさが同じで、同じ速さで、同じ方向に向けて走らないと、どこに行くかわからず迷走してしまいます」

今後の経営展開

本田農園のキャッチフレーズは、〝土作りから笑顔づくり!おいしい野菜作り〟である。新規就農で農業を始め、人と自然が喜ぶ野菜作りを目指し、作物が丈夫で健全に育つ土作りを基本にしている。

今後の経営展開について本田さんは、「地域の発展と本田農園の発展は、同一線上にあります。そのため、地域の仲間と皆でもうかる仕組み(ビジネスモデル)を作っていこうと考えています。そうすれば、農業が持続可能な魅力ある産業になり、私のような新規就農者も増えてくると思います。本田農園でも新規就農希望者を積極的に受け入れて独立を支援しています。農業は自分でやってみないとわかりません。農業をやってみたい→農業をやってみる→農業経営をする、という一連の流れを支援したいと考えています。また、自分の経営では今後、休閑用のハウスをもってハウス全体の地力を高めたい」と、さらなる土づくり・おいしい野菜づくりへの思いを語ってくれた。

コラム14
良い経営目標を作るためには

良い目標を作るポイント

目標の良し悪しを判断するのはなかなか難しい問題ですが、一般的には次のような目標は有効性を持つといえるでしょう。

①自らもしくは従業員と一体で作成した目標であること

コンサルタントなどに委託して目標を作成してもらうのもいいですが、自らの経営理念・目的との整合性が取れないでしっくりしない場合があります。

②経営目的・理念を実現できる経営目標になっていること

個々の経営目標は、経営全体の目的・理念を実現するように設定されていることが大切です。

③目標達成の意義が明確であること

なぜ、その目標達成が必要なのかが明確であり、従業員にも容易に理解できることが必要です。

④人々の労働意欲を高めるほどに大きな目標であるが、相当な努力をすれば達成可能であること

目標は実現が大前提であり、実現が困難な目標を設定してはいけません。しかし、簡単に実現できるような目標であってもいけません。目標実現には相当な努力が必要であるような目標を設定すべきです。

⑤目標実現の状況を具体的に把握できること

目標は常にその達成状況をモニタリングできなければなりません。そのためには、数値など具体的に把握できる目標にするのが望ましいでしょう。

⑥目標を実現する期限が明確であること

目標達成時期を明示して、実践活動の重点化を図れるようにします。

⑦地域社会の発展にもつながる目標であること

農業の場合、農業法人といえども地域の発展を意識した経営展開が求められます。また、地域の水、農地などの資源を使用する農業経営では、地域社会の維持・発展に貢献できる経営の展開が求められます。

目的・目標を伝え、実現するための仕組みを考える

設定した経営理念、経営目的、経営目標などは、従業員に伝えられ実践されて初めて有効性を発揮するものです。それらを伝え、実践を促進するためには、次のような方法が有効です。

①経営理念、経営目的、経営目標の意義をあらゆる機会を使って社員に浸透する

具体的には印刷物として配布、標語として事務所内に掲示、朝礼などでの唱和、社員手帳などで常に確認できるようにする。

②単なる標語やかけ声だけの経営理念、経営目的、経営目標にしないため、具体的な達成方法（工程表）などを作る

経営理念、経営目的、経営目標をかけ声だけで、具体的な達成方法を示さないものは絵に描いた餅になる可能性があります。具体的な達成方法とセットで、社員に示す必要がありま

す。

③経営目標達成のための経営者、従業員の役割分担を明確にする

経営目標達成のためには経営者、従業員がやるべき仕事を明確にして取り組んで実現を目指すことが大切です。

④経営目標を達成した場合の社員のメリット（昇給・昇格など）を明確にする

経営目標実現に対する社員のモチベーションを高めるためには、実現した場合の社員への報償（昇給・昇格など）を明確にすることが大切です。

著者略歴

門間敏幸（もんま　としゆき）

東京農業大学名誉教授　農学博士

1949年、埼玉県生まれ。東京農業大学農学部卒業。1972年、農林水産省東北農業試験場・農業研究センター勤務、研究室長、上席研究官歴任。1999年、東京農業大学国際食料情報学部教授、東京農業大学大学院農学研究科委員長、副学長。

現在、農林水産省産学連携コーディネーター。

主な著書に、『牛肉の需給構造と市場対応』（明文書房、1984）、『農家経営行動論』（農林統計協会、1999、共著）、『TN法—住民参加の地域づくり—』（家の光協会、2001）、『知識創造型農業経営組織のナレッジマネジメント』（農林統計出版、2011、編著）、『東日本大震災からの真の農業復興への挑戦』（ぎょうせい、2014、共著）、“Agricultural and Forestry Reconstruction After the Great East Japan Earthquake”（Springer Open、2015、編著）、『自助・共助・公助連携による大災害からの復興』（農林統計協会、2017、共著）。

日本農業経済学会賞（1985）、農村計画学会賞（1997）、農林水産大臣賞（1998）、実践総合農学会賞（2015）等受賞。

農業《のうぎょう》は夢《ゆめ》・チャレンジのフロンティア
ー日本農業《にほんのうぎょう》を創造《そうぞう》する新世代農業経営者《しんせだいのうぎょうけいえいしゃ》の挑戦《ちょうせん》ー

2020年10月30日　印刷
2020年11月13日　発行　©　　定価は表紙カバーに表示しています。

著　者　門間《もんま》　敏幸《としゆき》
発行者　高見　唯司
発　行　一般財団法人 農林統計協会
〒153-0064　東京都目黒区下目黒3-9-13　目黒・炭やビル
http://www.aafs.or.jp
電話　出版事業推進部　03-3492-2987
　　　編　集　部　03-3492-2950
振替　00190-5-70255

New generation farmers opening the frontier of dreams and challenges

PRINTED IN JAPAN 2020

落丁・乱丁本はお取り替えいたします。　印刷　大日本法令印刷株式会社
ISBN978-4-541-04347-4　C3061